职业技能等级认定培训教材

职业培训包教材资源

# 砌筑工

（基础知识）

砌筑工职业技能等级认定培训教材编委会　组织编写

中国劳动社会保障出版社

**图书在版编目（CIP）数据**

砌筑工：基础知识 / 砌筑工职业技能等级认定培训教材编委会组织编写. -- 北京：中国劳动社会保障出版社，2023
职业技能等级认定培训教材
ISBN 978-7-5167-6063-5

Ⅰ.①砌… Ⅱ.①砌… Ⅲ.①砌筑-职业技能-鉴定-教材 Ⅳ.①TU754.1

中国国家版本馆 CIP 数据核字（2023）第 228473 号

---

**中国劳动社会保障出版社出版发行**

（北京市惠新东街 1 号 邮政编码：100029）

\*

保定市中画美凯印刷有限公司印刷装订 新华书店经销
787 毫米 ×1092 毫米 16 开本 12.25 印张 199 千字
2023 年 12 月第 1 版 2023 年 12 月第 1 次印刷
定价：35.00 元

营销中心电话：400-606-6496
出版社网址：http://www.class.com.cn

版权专有 侵权必究
如有印装差错，请与本社联系调换：（010）81211666
我社将与版权执法机关配合，大力打击盗印、销售和使用盗版图书活动，敬请广大读者协助举报，经查实将给予举报者奖励。
举报电话：（010）64954652

# 本书编审人员

主　　编：张国华
副 主 编：毛文娟　赵　祺
编　　者：王梁英　徐　震　高艳涛　张海霞　杨先林　徐世彪　陆寿勇
　　　　　林育林　叶节霖　王龙洋　张　伟　魏佳强　郭　宁
主　　审：梅献忠

# 前　言

为加快建立劳动者终身职业技能培训制度，全面推行职业技能等级制度，推进技能人才评价制度改革，促进职业培训包制度与职业技能等级认定制度的有效衔接，进一步规范培训管理，提高培训质量，砌筑工职业技能等级认定培训教材编委会组织有关专家依据《砌筑工国家职业标准（2023年版）》（以下简称《标准》）和职业培训包（以下简称培训包），编写了砌筑工职业技能等级认定培训教材（以下简称等级教材）。

砌筑工等级教材紧贴《标准》和培训包要求编写，内容上突出职业能力优先的编写原则，结构上按照职业功能模块分级别编写。该等级教材共包括《砌筑工（基础知识）》《砌筑工（初级）》《砌筑工（中级）》《砌筑工（高级）》《砌筑工（技师）》5本。《砌筑工（基础知识）》是各级别砌筑工均需掌握的基础知识，其他各级别教材内容分别包括各级别砌筑工应掌握的理论知识和操作技能。

本书是职业技能等级认定推荐教材，也是职业技能等级认定题库开发的重要依据，已纳入职业培训包教材资源，适用于职业技能等级认定培训和中短期职业技能培训。

本书在编写过程中得到浙江建设技师学院等单位的大力支持与协助，在此一并表示衷心感谢。

砌筑工职业技能等级认定培训教材编委会

# 目 录 CONTENTS

## 职业模块 1　职业道德 ··············································································· 1

### 培训课程　职业道德基本知识与职业守则 ········································· 3
#### 学习单元 1　职业道德基本知识 ················································ 3
#### 学习单元 2　职业守则 ···························································· 6

## 职业模块 2　基础知识 ··············································································· 9

### 培训课程 1　识图、构造与砌筑工艺 ············································· 11
#### 学习单元 1　一般建筑工程施工图识读 ···································· 11
#### 学习单元 2　砌筑工程各部位构造知识 ···································· 56
#### 学习单元 3　砌筑工艺相关标准知识 ······································· 60

### 培训课程 2　力学与砌筑材料知识 ················································· 80
#### 学习单元 1　砌筑工程抗震构造知识 ······································· 80
#### 学习单元 2　砌筑工程简单力学知识 ······································· 98
#### 学习单元 3　砌筑工程常用材料的种类、性能、识别
　　　　　　　及质量要求 ················································· 101

### 培训课程 3　砌筑工具、设备知识 ················································· 129
#### 学习单元 1　砌筑工具、设备种类与性能 ································ 129
#### 学习单元 2　常用砌筑工具、设备使用与维护方法 ···················· 141

### 培训课程 4　安全生产和环境保护知识 ·········································· 146
#### 学习单元 1　劳动保护知识 ···················································· 146
#### 学习单元 2　砌筑工程安全技术操作规程 ································ 148
#### 学习单元 3　职业健康、安全、环境保护知识 ·························· 150
#### 学习单元 4　绿色施工知识 ···················································· 153
#### 学习单元 5　成品/半成品保护知识 ········································· 163

培训课程 5　相关法律、法规知识 …………………………………………… 169

学习单元 1　《中华人民共和国建筑法》《中华人民共和国安全生产法》
　　　　　　相关知识 ……………………………………………………… 169

学习单元 2　《建设工程质量管理条例》《建设工程安全生产管理条例》
　　　　　　相关知识 ……………………………………………………… 180

# 职业模块 ①
# 职业道德

# 培训课程

## 职业道德基本知识与职业守则

## 学习单元1 职业道德基本知识

### 一、道德

**1. 道德的定义**

道德是一定社会、一定阶级向人们提出的处理人和人之间、个人和社会、个人和自然之间各种关系的一种特殊的自律的行为规范。

**2. 道德的分类**

道德依据社会生活和社会活动可划分为社会公德、职业道德和家庭道德。

（1）社会公德

社会公德是指为维护公共生活，调节人们之间的关系而形成的公共生活原则和行为准则，是人们在社会共同生活中应遵循的基本道德。在我国，爱祖国、爱人民、爱劳动、爱科学、爱社会主义是基本的社会公德。我国《宪法》明确规定，遵守社会道德是一切公民的义务。

（2）职业道德

职业道德是与人的职业角色和职业行为相联系的一种高度社会化的角色道德，它是以责任、权力和利益为基础，在工作中协调个体、群体与社会关系的职业行为准则和规范系统。

（3）家庭道德

家庭道德就是家庭人伦道德，如尊老爱幼、男女平等、夫妻和睦、勤俭持家、邻里团结，即公民在家庭生活中应该遵循的行为准则。家庭道德是调节家庭内部成员关系和与家庭生活密切相关的人际关系的行为规范，涵盖夫妻、长幼、邻里之间的关系。

### 3. 道德的特征

（1）道德是以善恶为判断标准的社会准则。

（2）道德是以社会舆论、内心信念来维系。

（3）道德的内容因时代的不同会有所发展。

（4）道德随着历史发展不断继承。

## 二、职业道德

### 1. 职业道德的含义与特征

（1）职业道德的含义

职业道德有广义和狭义之分。广义的职业道德是指从业人员在职业活动中应该遵循的行为准则，涵盖了从业人员与服务对象、职业与职工、职业与职业之间的关系。狭义的职业道德是指在一定职业活动中应遵循、体现的一定职业特征、调整一定职业关系的职业行为准则和规范。职业道德既是从业人员在进行职业活动时应遵循的行为规范，又是从业人员对社会所应承担的道德责任和义务。

（2）职业道德的特征

1）职业性。职业道德的内容与职业实践活动紧密相连，反映着特定职业活动对从业人员行为的道德要求。每一种职业道德都只能规范本行业从业人员的职业行为，在特定的职业范围内发挥作用。

2）实践性。职业行为过程就是职业实践过程，只有在实践过程中，才能体现出职业道德的水准。职业道德的作用是调整职业关系，对从业人员职业活动的具体行为进行规范，解决现实生活中的具体道德冲突。

3）继承性。在长期实践过程中形成的，会被作为经验和传统继承下来。即使在不同的社会经济发展阶段，同样一种职业因服务对象、服务手段、职业利益、职业责任和义务相对稳定，职业行为的道德要求的核心内容将被继承和发扬，从而形成了被不同社会发展阶段普遍认同的职业道德规范。

4）多样性。不同的行业和不同的职业，有不同的职业道德标准。

### 2. 社会主义职业道德

社会主义职业道德是社会主义社会各行各业劳动者在职业活动中共同遵守的基本行为准则。它是判断人们职业行为优劣的具体标准，也是社会主义道德在职业生活中的反映。

全社会共同的职业道德规范与职业道德的核心规范的形成，使得社会主义职业道德有相对独立的道德体系，其主体部分包括三个层次：

1）最高层次是社会主义职业道德的核心——为人民服务。

2）第二层次是各行各业都应当遵守的五项基本规范。

3）第三层次是各行各业自己的具体职业规范。

社会主义职业道德的基本内容有爱岗敬业、诚实守信、办事公道、服务群众、奉献社会。

（1）爱岗敬业

爱岗敬业的具体表现为忠于职守、尽职尽责、认真负责、一丝不苟、善始善终等，其中糅合了使命感和责任感。爱岗敬业包含四层含义：恪尽职守、勤奋努力、享受工作、精益求精。

（2）诚实守信

诚信的本质内涵是真实、守诺、信任，即尊重实情、有约必履、言行一致、赢得信任。诚实守信具体要求：尊重事实，坚持正确原则，不为个人利害关系左右；主动担当，不自保推责；诚实劳动，不弄虚作假；以诚相待，不欺上瞒下。

（3）办事公道

公道即公平、正义，是指给行为对象其应得，而不给不应得的行为和品质。办事公道要求：平等待人，以公平、平等的态度对待领导、同事；公私分明，对于集体财产不贪不占，廉洁奉公；坚持原则，立场要坚定，以德服人。

（4）服务群众

"全心全意为人民服务"体现了社会主义道德的根本要求，是社会主义经济基础的客观需要，是建立和发展社会主义市场经济的要求，是履行职业职责的精神动力和衡量职业行为是非善恶的最高标准。

（5）奉献社会

奉献社会是社会主义职业道德最高要求、最高境界。奉献社会的特征：自愿为他人、为社会贡献力量；有热心为社会服务；不计报酬，完全出于自觉精神和奉献意识。

# 学习单元2 职业守则

## 一、职业守则的内涵

职业是劳动分工的产物，是指劳动者能足以稳定从事的并赖以生活的工作。在现代社会中，几乎每一个正常的成年人都以一定的职业而过着社会生活，个人的职业劳动体现了该职业的特点和要求。

职业守则是职业道德的表现形式，是人们在从事职业活动过程中，为了适应职业活动要求而制定的具体行为规范。作为建筑业一个合格的从业人员，不仅需要掌握一定的专业理论知识和高超的操作技能，还应在工作时遵守相应的职业守则。

## 二、砌筑工职业守则内容

**1. 百年大计，质量第一**

精心施工，确保质量，严格按照设计图纸和技术规范操作，坚持自检、互检、交接检制度，确保工程质量。坚持合理的施工程序，按既定的施工组织设计，科学地组织施工，严格执行现场管理制度，做到经常性的监督检查，保证现场整洁，工完场清，材料堆放整齐，施工程序良好。

**2. 爱岗敬业，忠于职守**

建筑行业我国国民经济的支柱行业，为整个社会创造生产和生活环境。这是一个光荣的职业，大家应热爱它。

岗位职责是指劳动岗位的职能与上岗职工所担负的责任。它是做好本职工作的基本要求，也是评价或考核职工工作成绩的依据。忠实履行岗位职责是国家对每个从业人员的基本要求，也是每个从业人员对国家、对企业必须履行的义务。每个人选择职业时可以公平竞争，定岗后就要履行岗位职责。

**3. 遵纪守法，安全生产**

遵纪守法指的是每名劳动者都要遵守劳动纪律和与职业活动相关的法律、法规，做到自觉遵纪守法，同时也使个人的权益得到保护。

安全生产就是在建筑施工的全过程中，每一个环节，每一个方面都要注意安全，把安全摆在头等重要的位置，认真贯彻"安全第一、预防为主"的方针。严格执行安全操作规程，杜绝一切违章作业现象。

（1）进入施工现场的基本准则

1）严禁赤脚或穿拖鞋进入施工现场。严禁酒后作业，严禁穿带钉易滑的鞋进行高处作业。

2）在防护设施不完善或无防护设施的高处作业，必须系好安全带。

3）严禁在施工现场吸烟。

4）新入场的作业人员必须经过三级安全教育，考核合格后，方可上岗作业。特种作业人员必须经过专门的培训，考核合格、取得操作证后方准独立上岗。

5）工作时要思想集中，坚守岗位，遵守劳动纪律。

6）严禁现场随意乱窜。

（2）施工生产环节的行为准则

1）不准从正在起吊、运吊中的物件下通过，以防物体突然脱钩，砸伤下方人员。

2）不准从高处往下跳。

3）不准在没有防护的外墙和外壁板等建筑物上行走。

4）不准站在小推车等不稳定的物体上操作。

5）不准在重要的运输通道或上下行走通道上逗留。

6）不准进入挂有"禁止出入"或设有危险警示标志的区域。

7）不得攀登起重臂、绳索、脚手架、井字架、龙门架，不得随同运料的吊盘或吊篮及吊装物上下。

8）不准未经允许私自进入非本单位作业区域或管理区域，尤其是存有易燃易爆物品的场所。

9）严禁夜间在无任何照明施工的工地现场区域内行走。

10）不准无关人员进入施工现场。

11）了解施工现场入口处的料具码放等基本情况，熟知施工现场的危险区域和各项安全规定，增强自身安全防护意识。

12）熟悉掌握安全帽、安全带和安全网的正确使用方法。

13）当某一个分项工程或某一个工序开工之前，首先要有工长或施工员进行安全技术交底，操作人员明确交底内容并在交底书上签字后，方可开始施工。未经工长、施工队长批准不得随意挪动和拆除施工现场的各种防护装置、防护设施和安全标志。

14）注意施工的"四口"和"五临边"

"四口"是指楼梯口、电梯口、预留洞口、通道口。"五临边"一般是指沟、坑、槽、深基础周边，楼层侧边，梯段边，平台或阳台边，屋面周边。"四口"和"五临边"是在施工过程中容易发生事故的部位，也是现场防护的重点，必须有可靠的安全防护设施。

**4. 尊师爱徒，团结互助**

师傅要把自己掌握的技术无私地教给徒弟，在各个方面起模范带头作用，给徒弟做榜样。徒弟们应有"师傅领进门，修行在个人"的思想，要学习刻苦钻研技术的精神，尽快掌握工作技能，用学到的知识回报师傅，回报企业，回报社会，做一个对社会有用的人。

在工作中，做好与其他工种交接配合以及前道工序的交接检查工作，相互配合，团结互助。

**5. 钻研技术，勇于创新**

热爱本职工作，刻苦钻研技术，熟练掌握本工程的基本技能，努力学习和运用先进的施工方法，练就过硬本领，立志岗位成才。

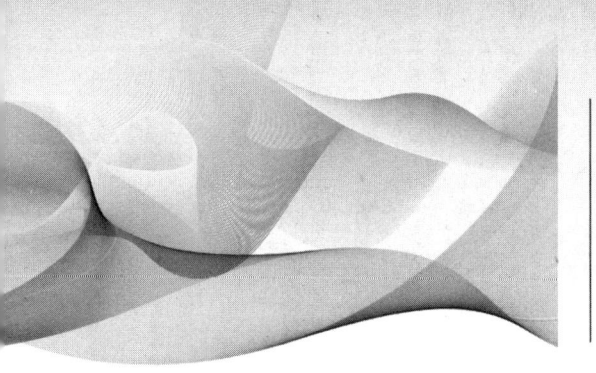

职业模块 ❷

基础知识

# 培训课程 1

# 识图、构造与砌筑工艺

## 学习单元1　一般建筑工程施工图识读

### 一、建筑施工图

一般建筑施工图是用来表达建筑物构配件的组成、外形轮廓、平面布置、结构构造以及装饰、尺寸、材料做法等的工程图纸，是项目立项审批、工程招投标、组织施工、编制预算决算、竣工验收、使用维护的依据。

一般房屋施工图按专业可分为建筑施工图、结构施工图、电气施工图、给排水施工图、采暖通风与空气调节、装饰施工图。

一套完整的建筑施工图主要包含图纸首页（目录、总说明、技术经济指标及选用的标准图集列表等）、建筑总平面图、建筑平面图、建筑立面图、建筑剖面图和建筑详图。建筑施工图简称"建施"，图纸编号如：建施–1（J–1）、建施–2（J–2）。

### 小贴士

1. 房屋施工图识读方法

（1）从下往上，从左往右，从大到小的看图顺序是施工图识读的一般顺序，比较符合看图的习惯，同时也是施工图绘制的先后次序。

（2）由先到后看，是指根据施工先后顺序，例如看结构施工图，从基础、墙柱、楼面到屋面依次看，此顺序基本上也是结施图编排的先后顺序。

(3)由粗到细,由大到小;先粗看一遍,了解工程概况、总体要求等,然后看每张图。

(4)建施与结施结合,其他设备施工图参照看。

2.房屋施工图识读步骤

(1)看目录表,了解图纸的组成。

(2)看建施图,了解建筑外形,平面布置,内部构造等。

(3)看结施图,了解建筑物的基础、柱(墙)、梁、板等承重结构情况。

(4)看水施、电施、暖施等设备施工图,了解建筑给水排水、电气、暖通等设备方面的情况。

(5)结施与建施相结合,并参照设备施工图,从整体到局部,从局部到整体,系统看图。

## 1. 建筑总平面图的识读

建筑总平面图如图2-1所示,主要表示整个建筑基地的总体布局,具体表达新建房屋的位置、朝向以及周围环境(原有建筑、交通道路、绿化、地形)基本情况的图样。其常用的比例是1∶500、1∶1000等。

(1)建筑总平面图常用图例

识读建筑总平面图应熟悉常用图例符号,表2-1是从GB/T 50002—2017《房屋建筑制图统一标准》规范中摘录的部分图例符号,具体可查阅GB/T 50002—2017《房屋建筑制图统一标准》。

(2)建筑总平面图表示的主要内容

1)拟建建(构)筑物的定位。拟建建(构)筑的定位有三种方式:第一种是利用新建筑与原有建筑或道路中心线的距离确定新建筑的位置;第二种是利用建筑坐标确定新建建筑的位置;第三种是利用大地测量坐标确定新建建筑的位置。主要

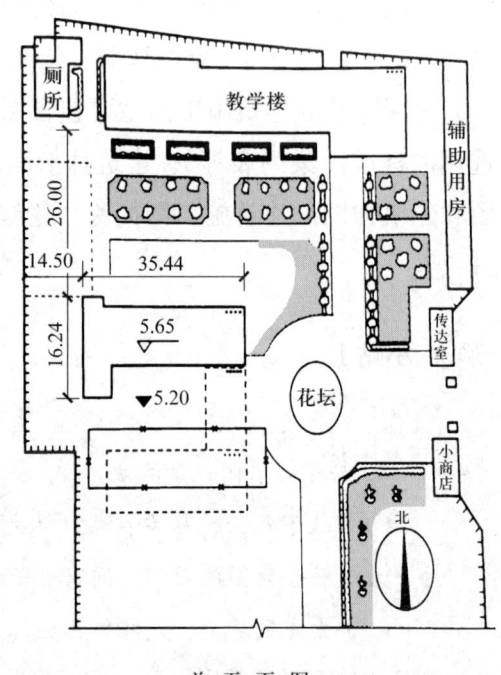

图2-1 ××建筑总平面图

表 2-1 建筑总平面图中常见图例

| 名称 | 图例 | 备注 | 名称 | 图例 | 备注 |
|---|---|---|---|---|---|
| 新建筑物 | (矩形内右上角"8"▲) | 需要时，可用▼表示出入口，可在图形内右上角以点数或数字表示层数（高层宜用数字）建筑物外用粗实线表示 | 原有的道路 | ——— | 用粗虚线表示 |
| 原有建筑物 | (细实线矩形) | 用细实线表示 | 计划扩建的道路 | ----- | |
| 计划扩建的预留地或建筑物 | (虚线矩形) | 用中虚线表示 | 计划拆除的道路 | 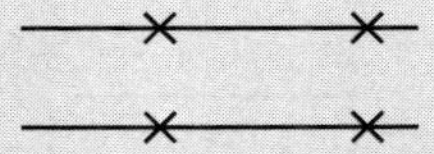 —×—×— | |
| 拆除建筑物 | 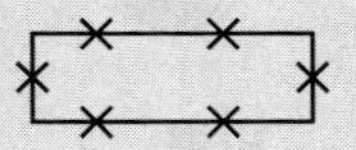 (×标记矩形) | 用细实线表示 | 桥梁（公路桥） |  (桥梁符号) | 上图为铁路桥，下图为公路桥，用于旱桥时应注明 |
| 新建的道路 | 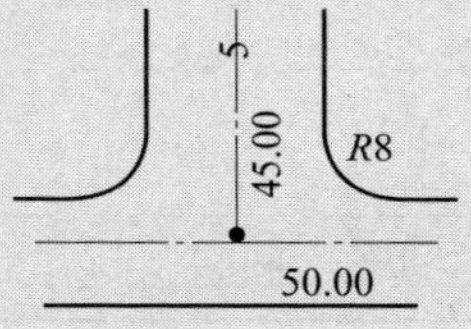 R8  45.00  50.00 | "R8"表示道路转弯半径为8m，"50.00"为路面中心控制点标高，"5"表示5%，为纵向坡度，"45.00"表示变坡点间距离 | | 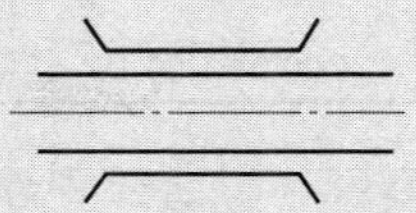 | |

续表

| 名称 | 图例 | 备注 | 名称 | 图例 | 备注 |
|---|---|---|---|---|---|
| 围墙及大门 | ⊢——▪—— | | 室内标高 | 151.00 (±0.00) | |
| 雨水井与消火栓井 | ▮ ⊘ | | 室外标高 | ▼143.00 | 也可采用等高线表示 |
| 坐标 | X115.00／Y300.00 | 表示测量坐标 | 人行道 | ⌐⌐ | |
| | A135.50／B255.75 | 表示建筑坐标 | 指北针 | (指北针图) | |
| 填挖边坡 | (填挖边坡图) | 边坡较长时，可一端或两端局部表示；下边线为虚线时表示填方 | 风向频率玫瑰图 | (玫瑰图) | 判断常年主要风向 |
| 护坡 | (护坡图) | | | | |

建筑物、构筑物用坐标定位，较小的建筑物、构筑物可用相对尺寸定位。

2）拟建建筑、原有建筑物位置、形状。总平面图上将建筑物分成5种情况，即新建建筑物、原有建筑物、计划扩建的预留地或建筑物、拆除的建筑物和新建的地下建筑物或构筑物，在总平面图中用不同的图例表示建筑的情况。在设计中，为了清楚表示建筑物的总体情况，一般还在总平面图中建筑物的右上角以点数或数字表示楼房层数。

3）附近的地形情况。一般用等高线表示，由等高线可以分析出地形的高低起伏情况。

4）道路情况主要反映道路位置、走向以及与新建建筑的联系等。

5）风向频率玫瑰图或指北针。其反映建筑物的方向。风向频率玫瑰图用于反映建筑场地范围内常年主导风向和6、7、8 3个月的主导风向，共有16个方向，其中实线表示全年的风向频率，虚线表示夏季（6、7、8 3个月）的风向频率。风由外面吹过建设区域中心的方向称为风向。风向频率是在一定的时间内某一方向出现风向的次数占总观察次数的百分比。

6）喷泉、凉亭、雕塑、树木、花草等周边环境布置情况。

 小贴士

> 风向频率玫瑰图也叫"风玫瑰图"，它是根据某一地区多年平均统计的各个方向风频率的百分数值，并按一定比例绘制，一般多用8个或16个罗盘方位表示。风玫瑰图上所表示风的吹向（即风的来向），是指从外面吹向地区中心的方向。

（3）建筑总平面图识读步骤

1）查看图名、比例、图例及有关文字说明，了解用地功能和工程性质。

2）查看总体布局和技术经济指标表，了解用地范围内建筑物和构筑物（新建、原有、拟建、拆除）、道路、场地和绿化等布置情况。

3）查看新建工程，明确建筑类型、平面规模、层数。

4）查看新建工程相邻的建筑、道路等周边环境，新建工程一般根据原有建筑或者道路来定位，查找新建工程的定位依据，明确新建工程的具体位置和定位尺寸。

5）查看指北针或风向频率玫瑰图，可知该地区常年风向频率，明确新建工程

的朝向。

6）查看新建建筑底层室内地面、室外整平地面、道路的绝对标高，明确室内外地面高差，了解道路控制标高和坡度。

#### 2. 建筑平面图的识读

（1）建筑平面图的形成

建筑平面图是假想用一水平剖切平面沿房屋的门窗洞口将房屋剖切开，移去剖切平面以上的部分，将其下面部分向下作正投影所得到的投影，如图2-2所示。建筑平面图较全面且直观地反映建筑物的平面形状、大小和内部布置，墙或柱的位置、材料和尺寸，门窗的位置、尺寸和开启方向，以及其他建筑构配件的设置情况，是建施图的主要图纸之一，是概预算、备料及施工中放线、砌墙、设备安装等重要依据。

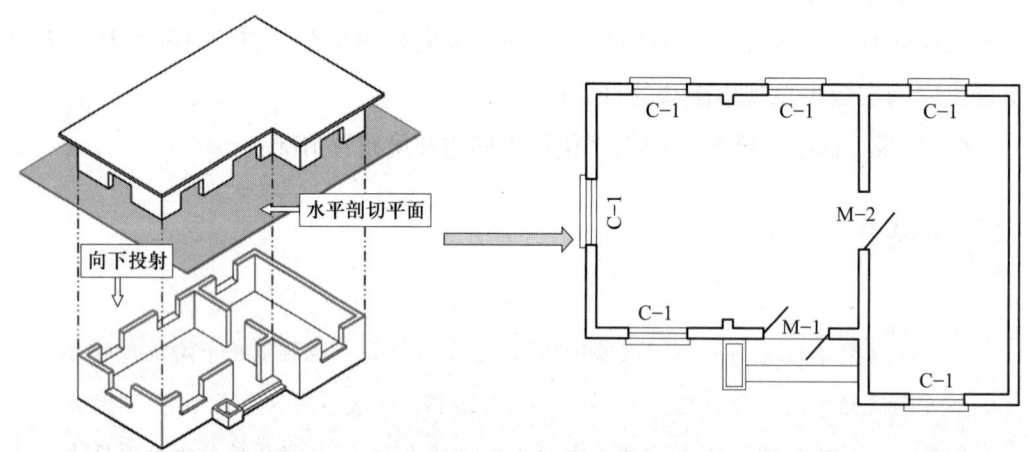

图2-2 平面图的形成

（2）建筑平面图的图示方法

一般情况下，房屋有几层，就应画几个平面图，并在图的下方注写相应的图名。若建筑物的各层布置相同，则可以用两个或三个平面图表达，即底层平面图、楼层平面图（标准层平面图）和屋顶平面图。建筑平面图常用的比例有1∶50、1∶100或1∶200，其中1∶100使用最多。

（3）建筑平面图常用图例

识读建筑平面图应熟悉常用图例符号，表2-2是从GB/T 50002—2017《房屋建筑制图统一标准》规范中摘录的部分图例符号，具体可查阅GB/T 50002—2017《房屋建筑制图统一标准》。

表2-2 建筑平面图中常见图例

| 序号 | 名称 | 表示内容 | 示例 |
|---|---|---|---|
| 1 | 索引符号（索引符号是由直径为10 mm的圆和水平直径组成，圆和水平直径均应以细实线绘制） | 如与被索引的详图同在一张图纸内，应在索引符号的上半圆中用阿拉伯数字注明该详图的编号，并在下半圆中间画一段水平细实线 | 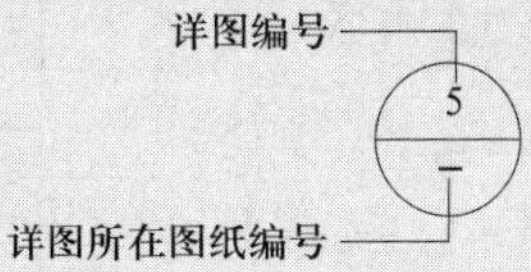 详图编号——⊙5／ |
| | | 如与被索引的详图不同在一张图纸内，应在索引符号的上半圆中用阿拉伯数字注明该详图的编号，在索引符号的下半圆中用阿拉伯数字注明该详图所在图纸的编号。数字较多时，可加文字标注 | 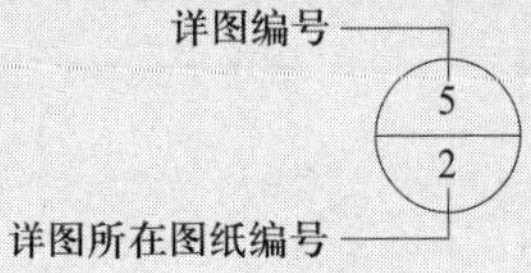 详图编号——⊙5/2 详图所在图纸编号 |
| | | 索引出的详图，如采用标准图，应在索引符号水平直径的延长线上加注该标准图册的编号 | 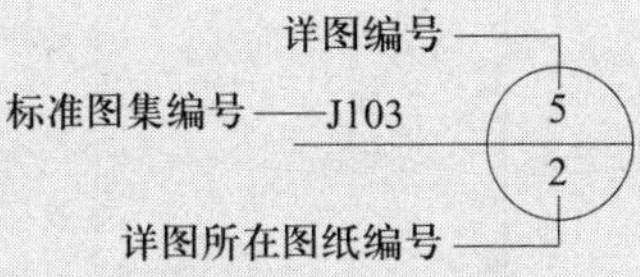 详图编号 标准图集编号——J103 ⊙5/2 详图所在图纸编号 |
| 2 | 详图符号（详图符号的圆应以直径为14 mm粗实线绘制） | 图与被索引的图样同在一张图纸内时，应在详图符号内用阿拉伯数字注明详图的编号 | 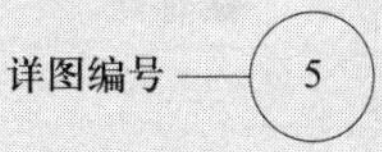 详图编号——⊙5 |
| | | 详图与被索引的图样不在同一张图纸内时，应用细实线在详图符号内画一水平直径，在上半圆中注明详图编号，在下半圆中注明被索引的图样的编号 | 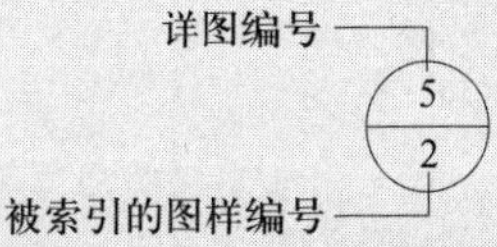 详图编号——⊙5/2 被索引的图样编号 |
| 3 | 门（M） | 单扇平开门 | 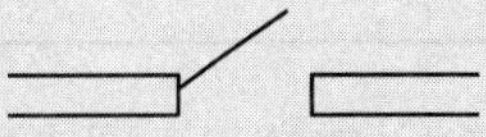 |
| | | 单扇弹簧门 | 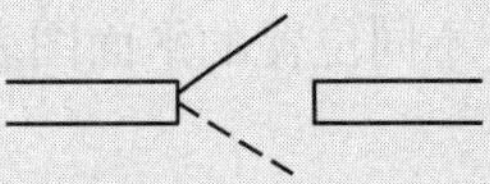 |
| | | 双扇弹簧门 | 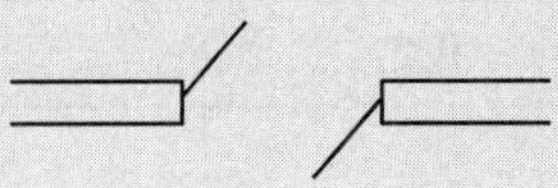 |
| | | 双扇平开门 | 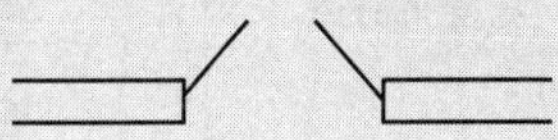 |

续表

| 序号 | 名称 | 表示内容 | 示例 |
|---|---|---|---|
| 4 | 窗（C） | 平开窗 | 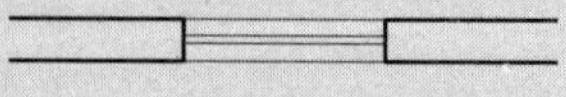 |
| | | 推拉窗 | 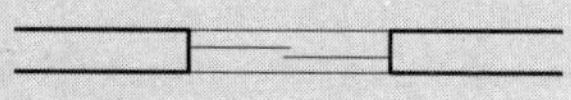 |
| | | 高窗 | 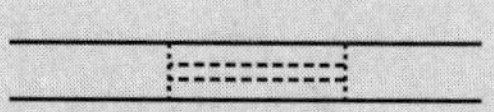 |
| 5 | 楼梯间 | 底层 | 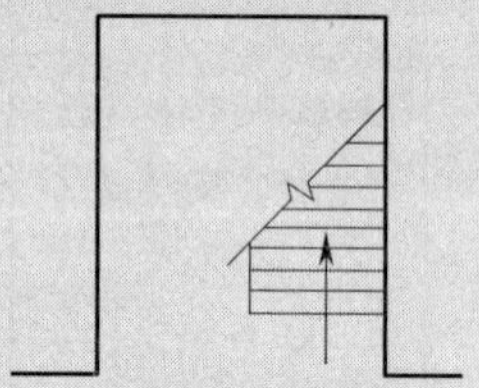 |
| | | 中间层 | 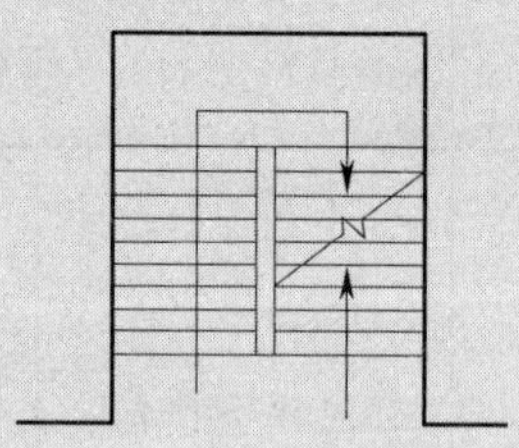 |
| | | 顶层 | 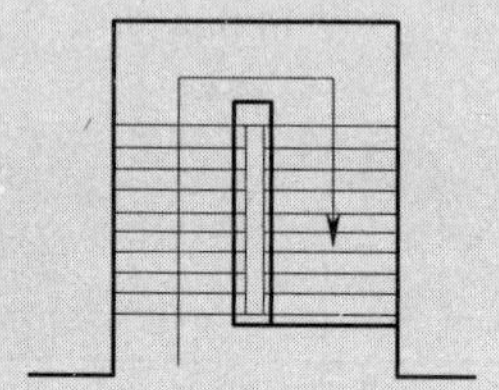 |

（4）建筑平面图表示的主要内容

不同位置的平面图表示的内容是不同的，具体内容见表2-3。

表2-3　建筑平面图表示内容

| 图名 | 主要内容 |
|---|---|
| 底层平面图 | （1）表示建筑物的墙、柱位置并对其轴线编号<br>（2）表示建筑物的门、窗位置及编号<br>（3）注明各房间名称及室内外楼地面标高<br>（4）表示楼梯的位置及楼梯上下行方向及级数、楼梯平台标高 |

续表

| 图名 | 主要内容 |
|---|---|
| 底层平面图 | （5）表示阳台、雨篷、台阶、雨水管、散水、明沟、花池等的位置及尺寸<br>（6）表示室内设备（如卫生器具、水池等）的形状、位置<br>（7）画出剖面图的剖切符号及编号<br>（8）标注墙厚、墙段、门、窗、房屋开间、进深等各项尺寸<br>（9）标注详图索引符号<br>（10）左下方或右下方画出指北针 |
| 标准层平面图 | （1）表示建筑物的门、窗位置及编号<br>（2）注明各房间名称、各项尺寸及楼地面标高<br>（3）表示建筑物的墙、柱位置并对其轴线编号<br>（4）表示楼梯的位置及楼梯上下行方向、级数及平台标高<br>（5）表示阳台、雨篷、雨水管的位置及尺寸<br>（6）表示室内设备（如卫生器具、水池等）的形状、位置<br>（7）标注详图索引符号 |
| 屋顶平面图 | 女儿墙、檐沟、屋面坡度、分水线与雨水口、变形缝、楼梯间、水箱间、天窗、上人孔、消防梯及其他构筑物、索引符号等 |

（5）建筑平面图识读案例

图2-3所示为某学校宿舍楼一层建筑平面图，按以下步骤进行建筑平面图的识读。

1）查阅建筑物的朝向、形状、主要房间的布置及相互关系。

2）复核建筑物各部分的尺寸。

3）查阅建筑物墙体采用的建筑材料，查阅时要结合设计说明阅读。

4）查阅各部分的标高，房间、楼梯间、卫生间和室外地面标高。

5）核对门窗尺寸及数量。

6）查阅附属设施的平面位置。

7）阅读文字说明，查阅对施工及材料的要求。

识读图2-3一层平面图，可获知以下信息。

从图名可知是底层平面图，比例为1∶100，由指北针可知该建筑物朝向为坐北朝南。该建筑为一字形对称布置，主要房间为卧室，内墙厚240 mm，外墙厚370 mm。本建筑设有一间门厅，一个楼梯间，中间有1.8 m宽的内走廊，每层有一间厕所，一间盥洗室。有两种类型的门，三种类型的窗。房屋开间为3.6 m，进深为5.1 m。

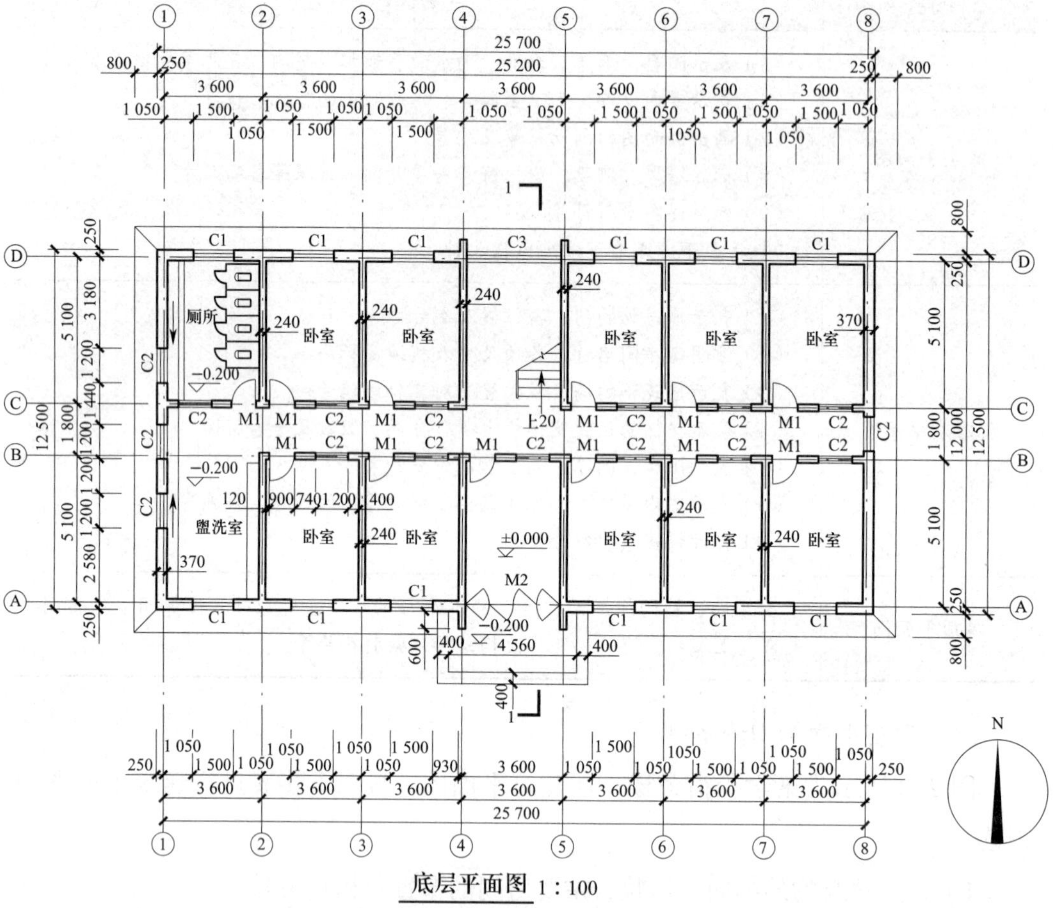

底层平面图 1:100

图2-3 平面图识读案例一

## 练习

识读图2-4平面图，尝试获以下信息。

1）该建筑墙体的厚度。

2）阳台的标高。

3）房间的开间、进深的尺寸。

4）该平面图与底层平面图的不同之处。

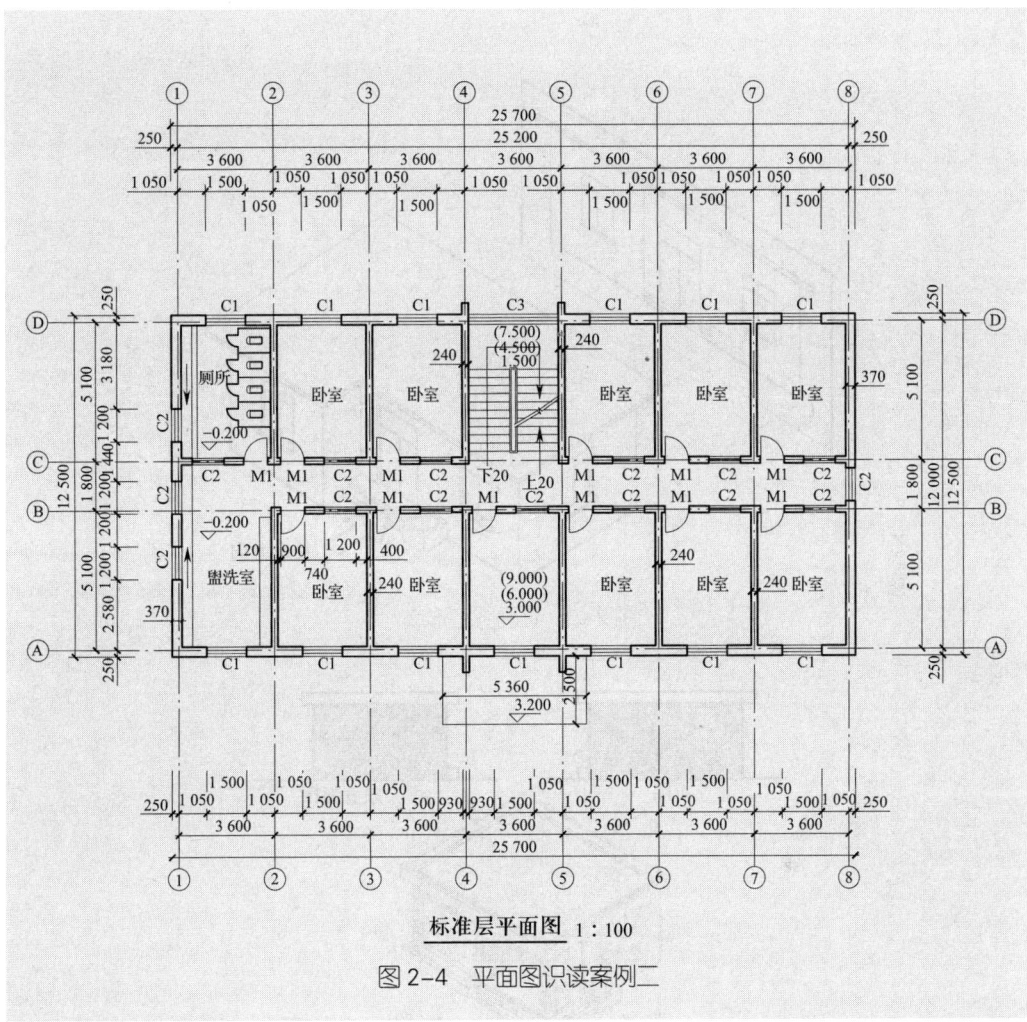

图 2-4　平面图识读案例二

### 3. 建筑立面图的识读

（1）建筑立面图的形成

建筑立面图简称立面图，是在与房屋立面平行的投影面上所作的房屋正投影图，如图 2-5 所示，用来体现建筑物立面上的层次变化和艺术效果，表示建筑物的体型和外貌的图样，并表明外墙装修要求，为建筑物的外形设计和后期装修提供依据。

（2）建筑立面图的命名

建筑立面图的命名有三种方式，具体如下。

1）用朝向命名。建筑物的某个立面面向那个方向，就称为那个方向的立面图，如南立面图、北立面图、东立面图、西立面图，如图 2-6 所示。

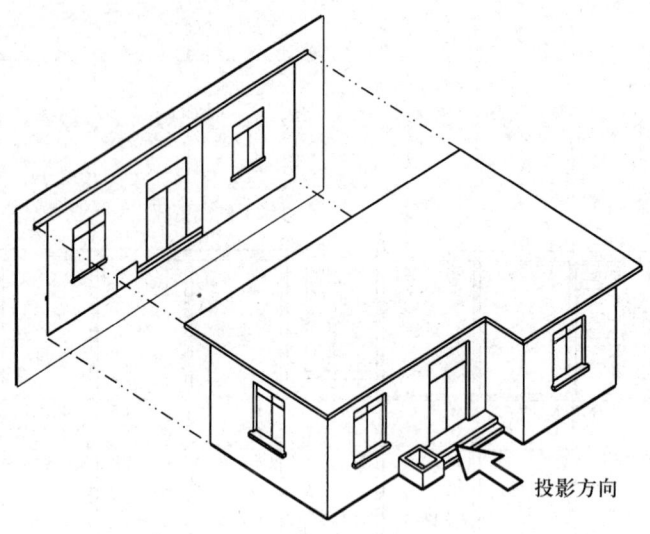

图2-5 立面图的形成

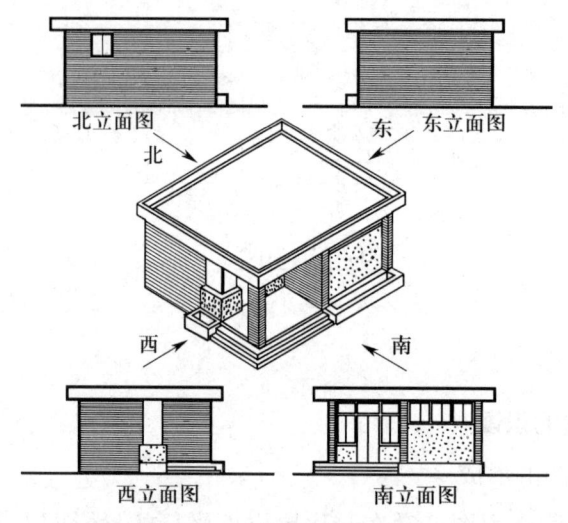

图2-6 立面图以朝向命名

2）按建筑两端定位轴线编号命名。用该面的首尾两个定位轴线的编号，组合在一起来表示立面图的名称，如图2-7所示。

3）以建筑墙面的特征命名，如正立面图、侧立面图、背立面图。建筑的主要出入口所在墙面的立面图为正立面图。

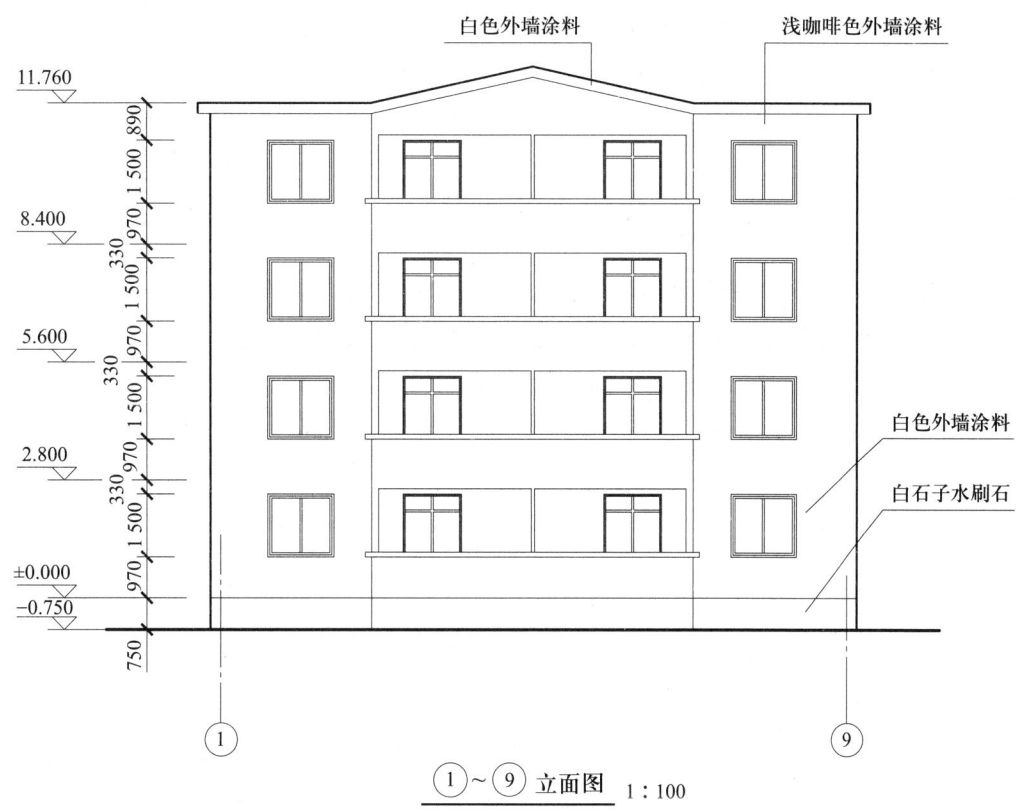

图 2-7 立面图以建筑两端定位轴线编号命名

 小贴士

> 国家标准规定,有定位轴线的建筑物,宜根据两端轴线编号标注立面图的名称。施工图中这三种命名方式都可使用,但每套施工图只能采用其中的一种方式命名。

(3)建筑立面图表示的内容

建筑立面图应含有以下内容。

1)图名、比例。

2)立面两端的定位轴线及其编号。

3)室外地坪线及房屋的勒脚、台阶、花池、门窗、雨篷、阳台、室外楼梯、墙、柱、檐口、屋顶、雨水管等内容,注明各部分的材料和外部装饰的做法。

4)尺寸标注。用标高标注出各主要部位的相对高度,如室外地坪、窗台、阳台、雨篷、女儿墙顶、屋顶水箱间及楼梯间屋顶等的标高。用尺寸标注的方法标注立面图上的细部尺寸，层高及总高。

5）详图索引符号。

6）施工说明等。

（4）建筑立面图识读案例

图 2-8 所示为某建筑立面图，按以下步骤进行立面图的识读。

1）识读图名及比例，了解立面图与平面图的对应关系。

2）了解建筑物的整体外貌特征和造型。

3）了解室外地坪线及房屋的勒脚、台阶、花池、门窗、雨篷、阳台、室外楼梯、墙、柱、檐口、屋顶、雨水管的位置。

4）了解主要部位的相对高度。

5）查阅文字，了解外部装饰的做法。

6）阅读详图索引，获取尺寸、做法等信息。

识读图 2-8，可获知以下信息。

本建筑立面图的图名为①~⑧立面图，比例为 1∶100，两端的定位轴线编号分别为①、⑧轴；室内外高差为 0.3 m，层高 3 m，共有四层，窗台高 0.9 m；在建筑的主要出入口处设有一悬挑雨篷，有一个二级台阶，该立面外形规则，立面造型简单，外墙采用 100×100 黄色釉面瓷砖饰面，窗台线条用 100×100 白色釉面瓷砖点缀，金黄色琉璃瓦檐口；中间用墙垛形成竖向线条划分，使建筑给人一种高耸感。

### 4. 建筑剖面图的识读

（1）建筑剖面图的形成与作用

建筑剖面图简称剖面图，它是假想用一铅垂剖切面将房屋剖切开后移去靠近观察者的部分，作出剩下部分的投影图，如图 2-9 所示。

剖面图用以表示房屋内部的结构或构造方式，如屋面（楼、地面）形式、分层情况、材料、做法、高度尺寸及各部位的联系等。它与平面图、立面图互相配合用于计算工程量，指导各层楼板和屋面施工、门窗安装和内部装修等。

剖面图的数量是根据房屋的复杂情况和施工实际需要决定的。剖切面的位置，要选择在房屋内部构造比较复杂，有代表性的部位，如门窗洞口和楼梯间等位置，并应通过门窗洞口。剖面图的图名符号应与底层平面图上剖切符号相对应。

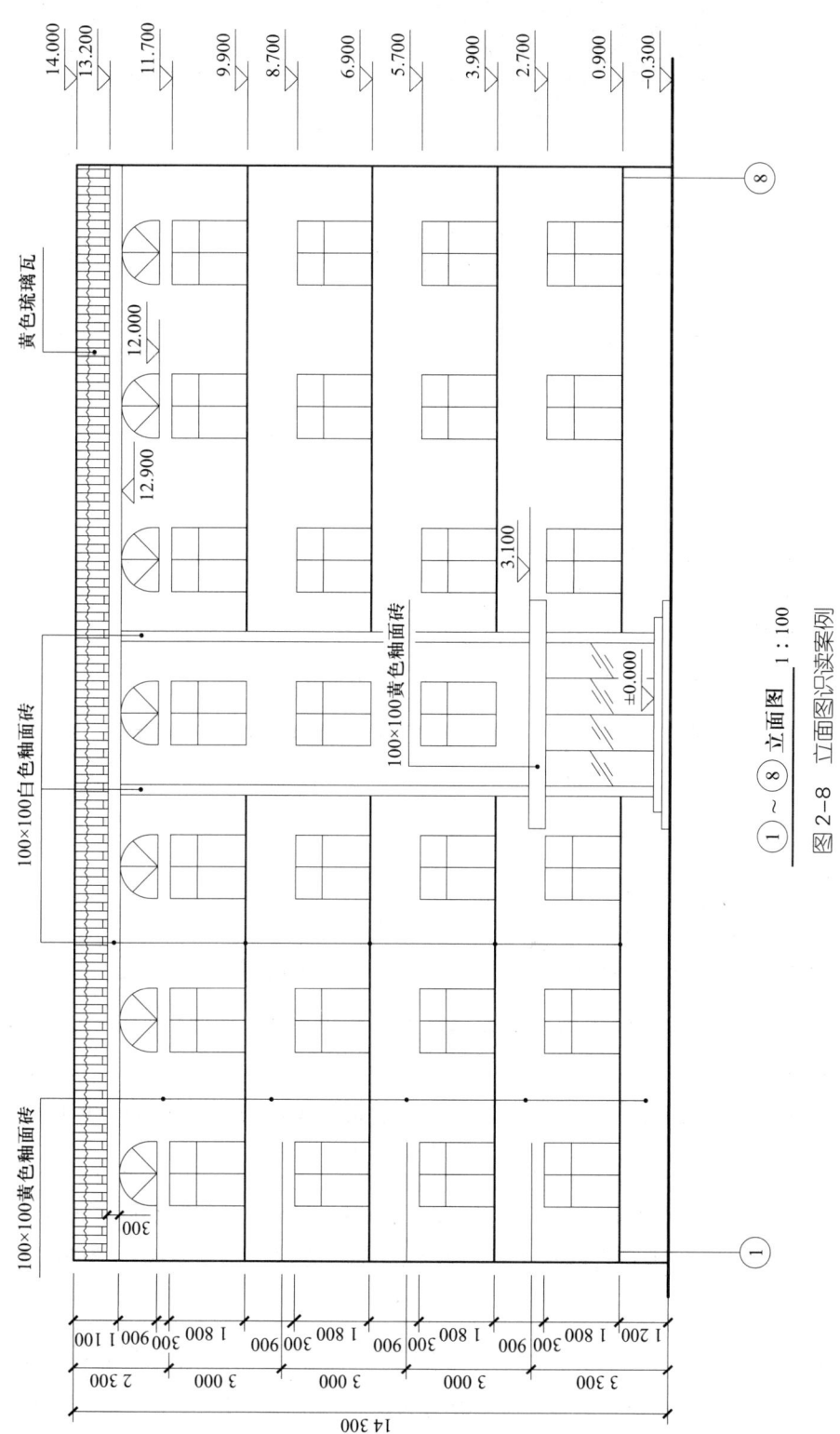

图 2-8 立面图识读案例

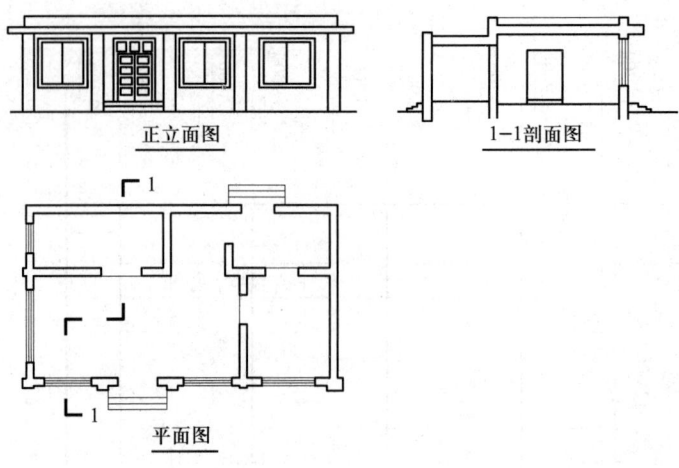

图2-9 剖面图示意图

（2）建筑剖面图的图示内容

建筑剖面图应含有以下内容。

1）必要的定位轴线及轴线编号。

2）剖切到的屋面、楼面、墙体、梁等的轮廓及材料做法。

3）建筑物内部分层情况以及竖向、水平方向的分隔。

4）即使没被剖切到，但在剖视方向可以看到的建筑物构配件。

5）屋顶的形式及排水坡度。

6）标高及必须标注的局部尺寸。

7）必要的文字注释。

（3）建筑剖面图识读案例

图2-10所示为某宿舍的剖面图，按以下步骤进行剖面图的识读。

1）结合底层平面图阅读，对应剖面图与平面图的相互关系，建立起建筑内部的空间概念。

2）结合建筑设计说明或材料做法表，查阅地面、墙面、楼面、顶棚等的装修做法。

3）根据剖面图尺寸及标高，了解建筑层高、总高、层数及房屋室内外地面高差。在图2-10中，本建筑层高3 m，总高14.3 m，4层，房屋室内外地面高差0.3 m。

4）了解建筑门窗高度。

5）了解建筑屋面的构造及屋面坡度的形成。该建筑屋面为架空通风隔热、保温屋面，材料找坡，屋顶坡度2%，设有天沟，属有组织排水。

6）了解墙体、梁等承重构件的竖向定位关系，如轴线是否偏心。

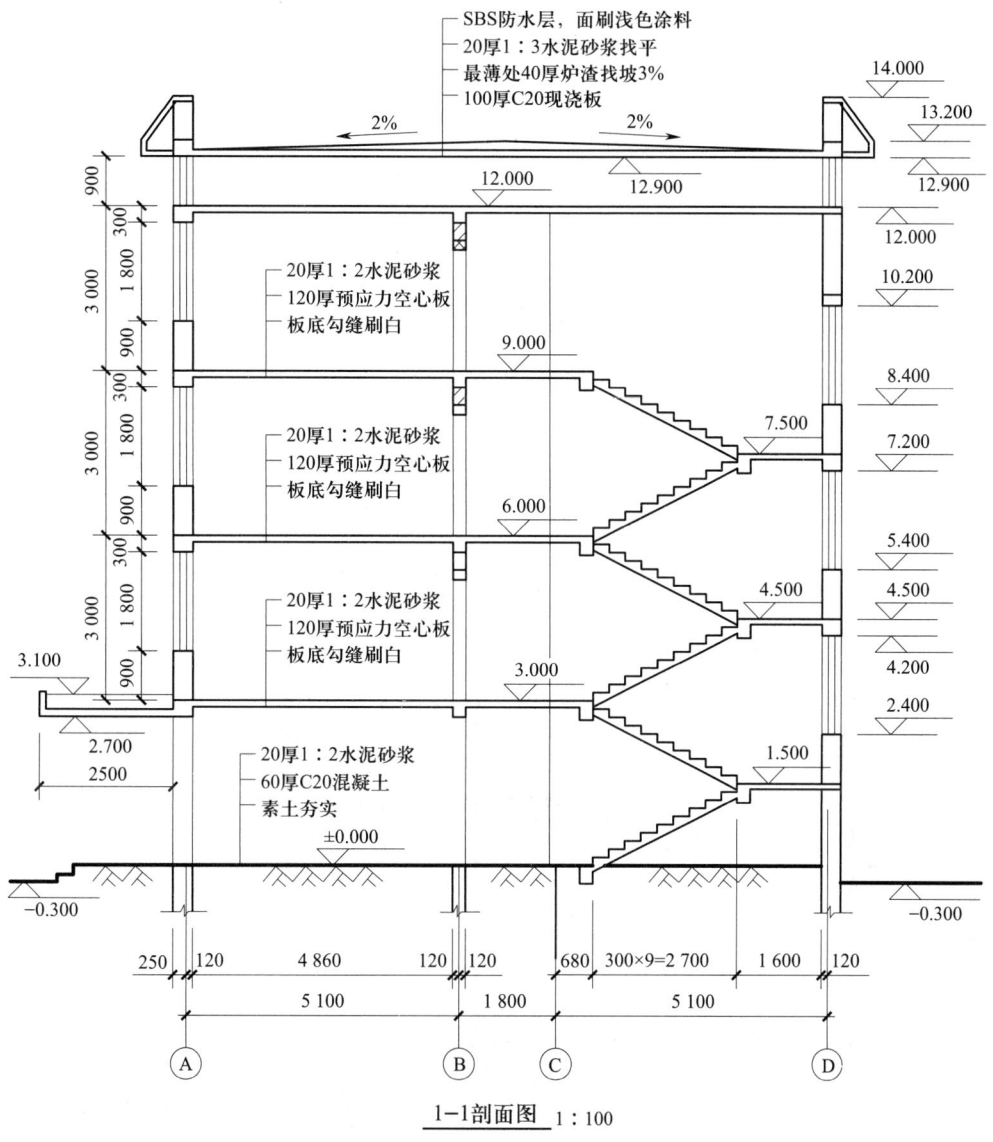

图 2-10　剖面图识读案例一

# 练习

识读图 2-11 剖面图，尝试获以下信息。

1）该建筑层数、各层层高及总高度。
2）室内外高差及台阶尺寸。
3）窗高、窗台高及窗上梁尺寸。
4）入口处雨篷具体尺寸。

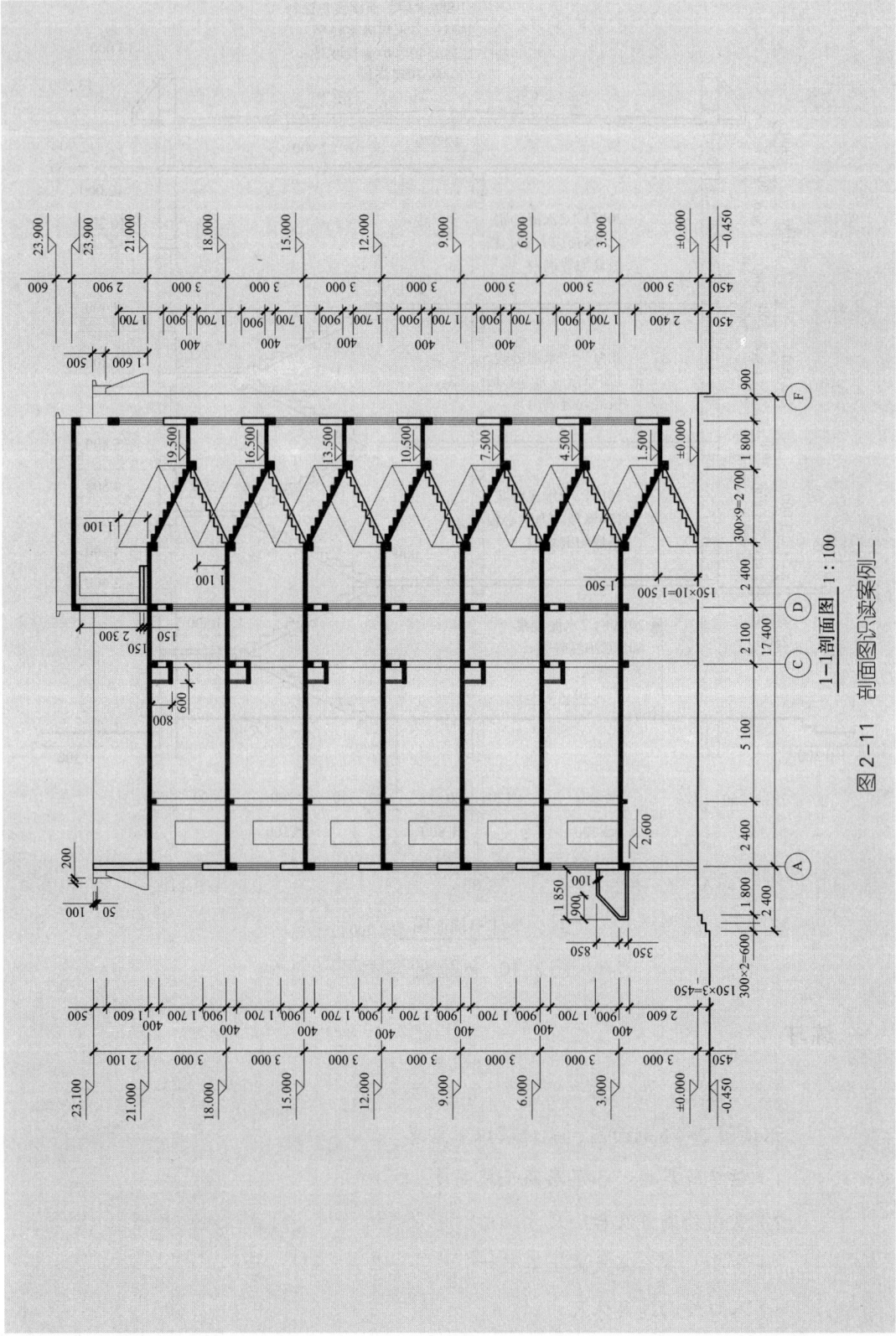

图 2-11 1—1剖面图识读案例二

## 5. 建筑详图的识读

### (1) 墙身详图的识读

墙身详图也叫墙身大样图，实际上是建筑剖面图的有关部位的局部放大图。它主要表达墙身与地面、楼面、屋面的构造连接情况以及檐口、门窗顶、窗台、勒脚、防潮层、散水、明沟的尺寸、材料、做法等构造情况，是砌墙、室内外装修、门窗安装、编制施工预算以及材料估算等的重要依据。有时在外墙详图上引出分层构造，注明楼地面、屋顶等的构造情况，而在建筑剖面图中省略不标。

外墙剖面详图往往在窗洞口断开，因此在门窗洞口处出现双折断线（该部位图形高度变小，但标注的窗洞竖向尺寸不变），成为几个节点详图的组合。在多层房屋中，若各层的构造情况一样时，可只画墙脚、檐口和中间层（含门窗洞口）三个节点，按上下位置整体排列，如图 2-12 所示。有时墙身详图不以整体形式布置，而把各个节点详图分别单独绘制，也称墙身节点详图，如图 2-13 所示。

墙身详图的图示内容包括以下几部分。

1）墙身的定位轴线及编号，墙体的厚度、材料及其本身与轴线的关系。

2）勒脚、散水节点构造，主要反映墙身防潮做法、首层地面构造、室内外高差、散水做法，一层窗台标高等。

3）标准层楼层节点构造，主要反映标准层梁、板等构件的位置及其与墙体的联系，构件表面抹灰、装饰等内容。

4）檐口部位节点构造，主要反映檐口部位包括封檐构造（如女儿墙或挑檐）、圈梁、过梁、屋顶泛水构造、屋面保温、防水做法和屋面板等结构构件。

5）图中的详图索引符号等。

### (2) 楼梯详图的识读

楼梯是由楼梯段、休息平台、栏杆或栏板组成的。楼梯详图主要表示楼梯的类型、结构形式、各部位的尺寸及装修做法等，是楼梯施工放样的主要依据。

楼梯的建筑详图一般有楼梯平面图、楼梯剖面图以及踏步和栏杆等节点详图。

1）楼梯平面图。楼梯平面图实际上是在建筑平面图中楼梯间部分的局部放大图。

楼梯平面图主要表明梯段的长度和宽度、上行或下行的方向、踏步数和踏面宽度、楼梯休息平台的宽度、栏杆扶手的位置以及其他一些平面形状。

楼梯平面图中，梯段的上行或下行方向是以各层楼地面为基准标注的，向上者称为上行，向下者称为下行，并用长线箭头和文字在梯段上注明上行、下行的方向及踏步总数。

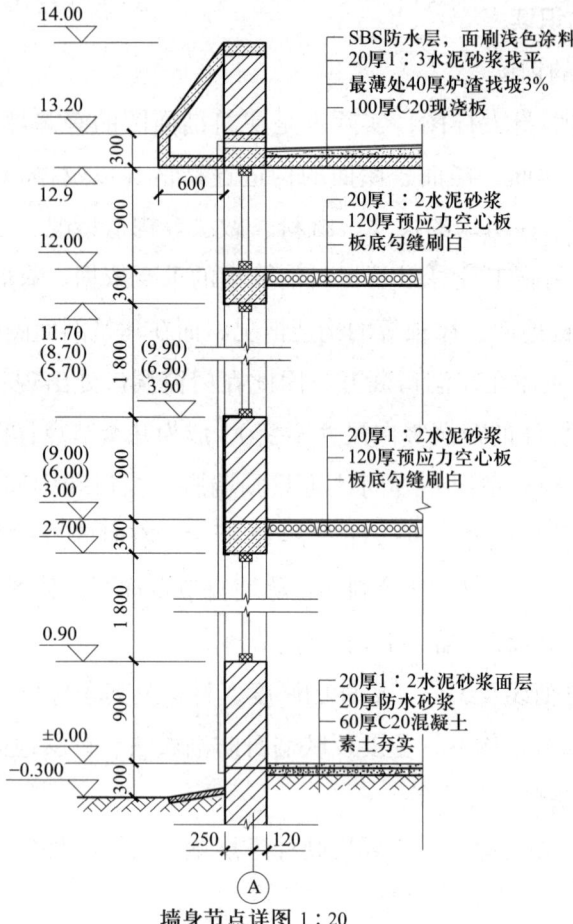

图 2-12 墙身详图识读案例一

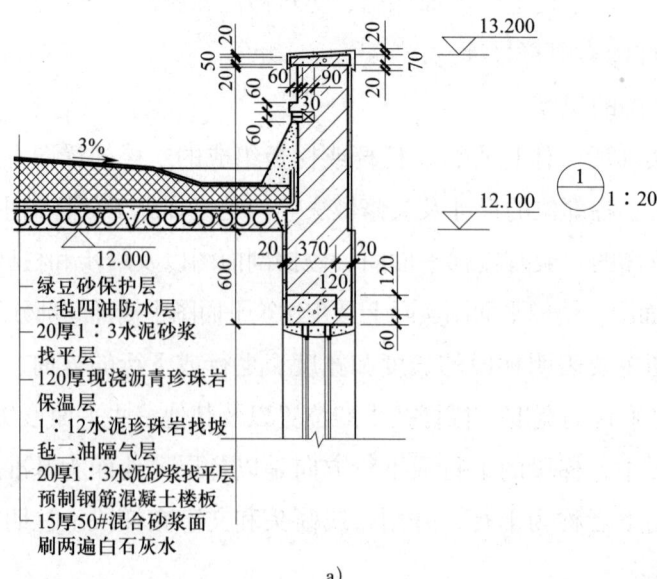

a)

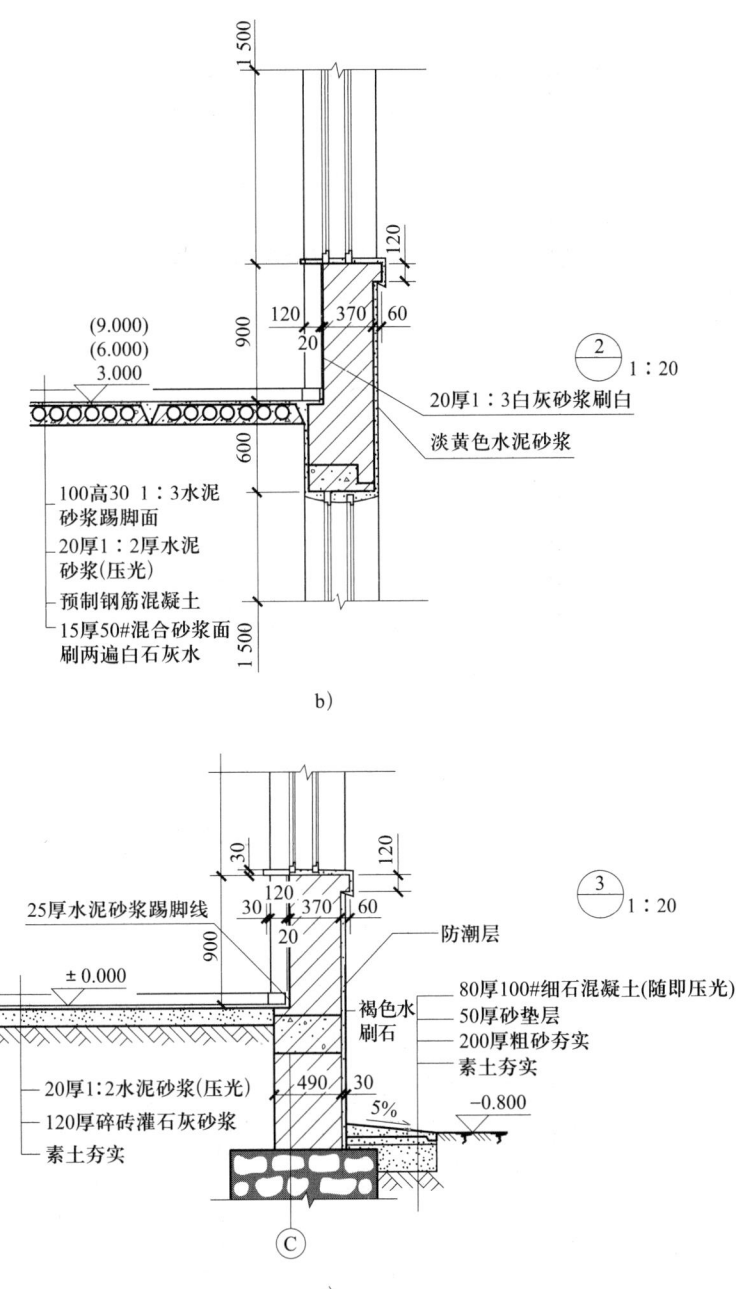

图 2-13 墙身详图识读案例二
a) 墙身详图—檐口部分  b) 墙身详图—中间部分  c) 墙身详图—墙脚部分

楼梯平面图通常要分别画出底层楼梯平面图、中间层楼梯平面图及顶层楼梯平面图,如图 2-14 所示。如果中间各层的楼梯位置、楼梯数量、踏步数、梯段长度都完全相同时,可以只画一个中间层楼梯平面图,这种相同的中间层的楼梯平

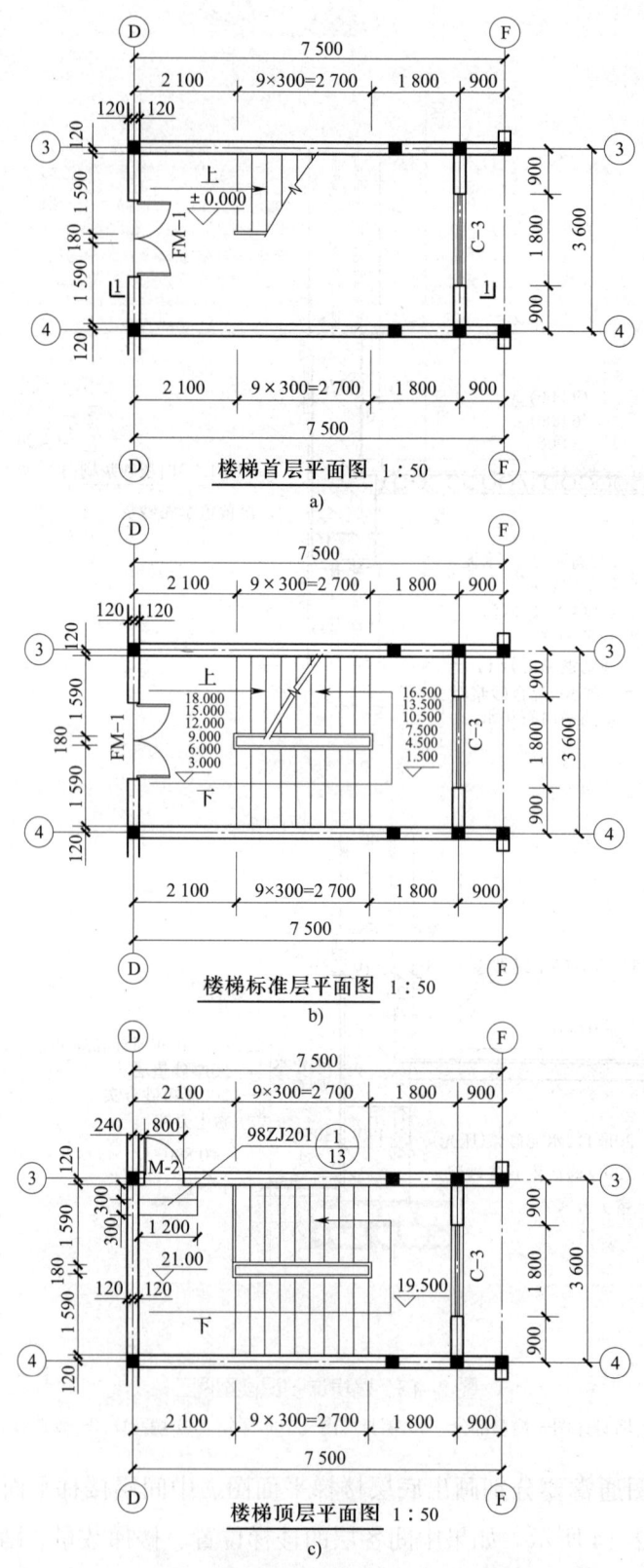

图 2-14 楼梯平面图
a) 楼梯首层平面图  b) 楼梯标准层平面图  c) 楼梯顶层平面图

面图称为标准层楼梯平面图。在标准层楼梯平面图中的楼层地面和休息平台上应标注出各层楼面及平台面相应的标高,其次序应由下而上逐一注写,如图 2-14b 所示。

在楼梯平面图中,楼梯段被水平剖切后,其剖切线是水平线,而各级踏步也是水平线,为了避免混淆,剖切处规定画 45°折断符号。底层楼梯平面图中的 45°折断符号应以楼梯平台板与梯段的分界处为起始点画出,使第一梯段的长度保持完整,如图 2-14a 所示。

在楼梯平面图中,除注明楼梯间的开间和进深尺寸、楼地面和平台面的尺寸及标高外,还需注出各细部的详细尺寸。通常用踏步数与踏步宽度的乘积来表示梯段的长度。通常三个平面图画在同一张图纸内,并互相对齐,这样既便于阅读,又可省略标注一些重复的尺寸。

识读图 2-14 楼梯平面图,可获知以下信息。

①获知楼梯或楼梯间在房屋中的平面位置。在图 2-14 中,楼梯间位于 D ~ F 轴 × ③轴 ~ ④轴。

②获知楼梯段、楼梯井和休息平台的平面形式、位置、踏步的宽度和踏步的数量。本建筑楼梯为平行双跑楼梯,楼梯井宽 180 mm,梯段长 2 700 mm、宽 1 590 mm,平台宽 1 980 mm,每层 20 级踏步。

③获知楼梯间处的墙、柱、门窗平面位置及尺寸。本建筑楼梯间处内、外墙宽 240 mm,外墙窗宽 1 800 mm。

④获知楼梯的走向以及楼梯段起步的位置,楼梯的走向用箭头表示。

⑤获知各层平台的标高。本建筑一层至七层平台的标高分别为 1.5 m、4.5 m、7.5 m、10.5 m、13.5 m、16.5 m、19.5 m。

⑥在楼梯平面图中了解楼梯剖面图的剖切位置。

2)楼梯剖面图。楼梯剖面图实际上是在建筑剖面图中楼梯间部分的局部放大图,如图 2-15 所示。楼梯剖面图能清楚地注明各层楼(地)面的标高、楼梯段的高度、踏步的宽度和高度、级数及楼地面、楼梯平台、墙身、栏杆、栏板等的构造做法及其相对位置。

表示楼梯剖面图的剖切位置的剖切符号应在底层楼梯平面图中画出。剖切平面一般应通过第一剖,并位于能剖到门窗洞口的位置上,剖切后向未剖到的梯段进行投影。

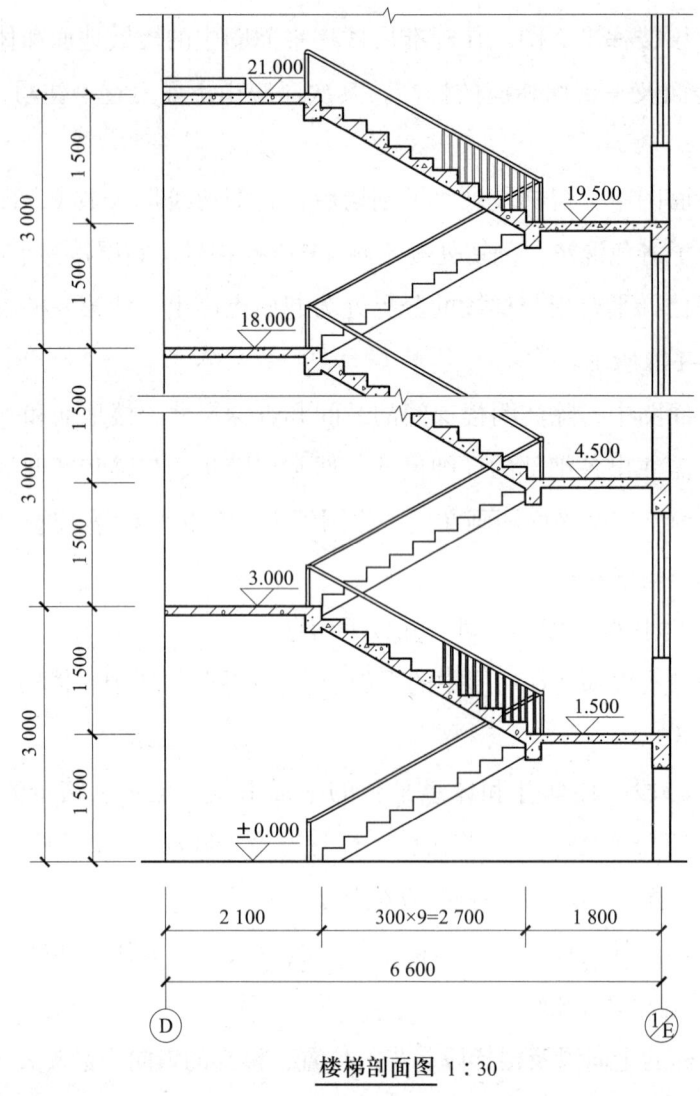

楼梯剖面图 1:30

图 2-15 楼梯剖面图

在多层建筑中，若中间层楼梯完全相同时，楼梯剖面图可只画出底层、中间层、顶层的楼梯剖面，在中间层处用折断线符号分开，并在中间层的楼面和楼梯平台面上注写适用于其他中间层楼面的标高。若楼梯间的屋面构造做法没有特殊之处，一般不再画出。

在楼梯剖面图中，应标注楼梯间的进深尺寸及轴线编号，各梯段和栏杆、栏板的高度尺寸，楼地面的标高以及楼梯间外墙上门窗洞口的高度尺寸和标高。梯段的高度尺寸可用级数与踢面高度的乘积来表示，应注意的是级数与踏面数相差为1，即踏面数 = 级数 −1。

识读图 2-15 楼梯剖面图，可获知以下信息。

①获知楼梯的构造形式。该楼梯为现浇钢筋混凝土平行双跑楼梯。

②获知楼梯在竖向和进深方向的有关标高、尺寸和详图索引符号。

③了解楼梯段、平台、栏杆、扶手等相互间的连接构造。

④明确踏步的宽度、高度及栏杆的高度。该楼梯踏面宽 300 mm,踢面高 150 mm。

3)楼梯节点详图。楼梯节点详图主要是指栏杆详图、扶手详图以及踏步详图,如图 2-16 所示。它们分别用索引符号与楼梯平面图或楼梯剖面图联系。踏步详图表明踏步的截面尺寸、大小、材料及面层的做法。栏板与扶手详图主要表明栏板及扶手的形式、大小、所用材料及其与踏步的连接等情况。

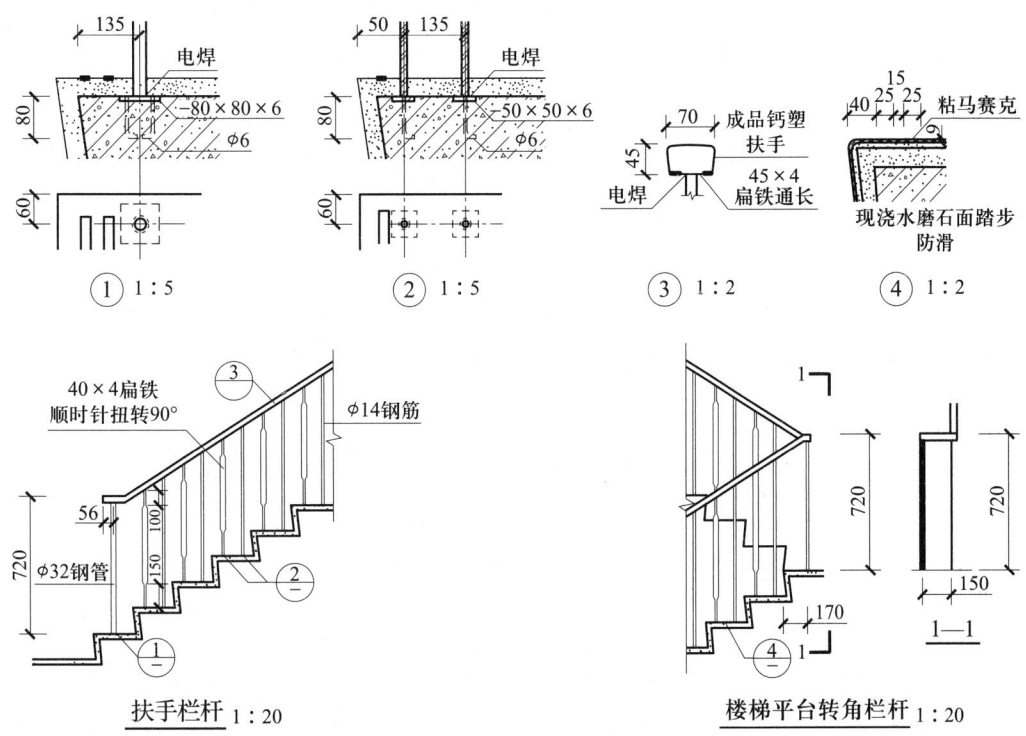

图 2-16 楼梯节点详图

## 二、结构施工图

结构施工图是表达房屋承重构件(如基础、梁、板、柱及其他构件)的布置、形状、大小、材料、构造及其相互关系的图样,主要用来作为施工放线、开挖基槽、支模板、绑扎钢筋、设置预埋件、浇捣混凝土和安装梁、板、柱等构件及编制预算和施工组织计划等的依据。

通过建筑施工图可以了解建筑物的平面布局、立面造型、内外布置和具体构造等内容，但支承建筑物的承重构件，如梁、板、柱、基础等的布置、形式和结构构造等内容都没有表现出来，因此需要按照建筑各方面的要求进行力学与结构计算，确定各种承重构件的具体形状、大小、材料、构造等内容，最后将结构构件的设计结果绘制成图样，以便指导工程施工，这种图样称为结构施工图，简称"结施"。结构施工图包括基础平面图、基础详图、结构平面图、楼梯平面图、楼梯结构图和结构构件详图及其说明书。

**1. 钢筋混凝土结构图的基本知识**

（1）结构施工图的分类及内容

1）结构设计说明是对图纸全局性的文字说明，包括地基情况、风雪荷载、抗震情况，选用结构构件的类型、规格、强度等级，施工要求和注意事项，以及标准图或通用图的使用等内容。

2）结构平面布置图是表示房屋中各承重结构总体平面布置的图样，主要包括结构构件的位置、数量、型号及相互关系。常用的结构平面布置图有基础平面布置图、楼层结构平面图、屋面结构平面图、柱网平面图等。

3）构件详图是表示单个构件形状、尺寸、材料、构造及工艺的图样，如梁、板、柱及基础的结构详图，楼梯结构详图，屋架结构详图及其他详图。

（2）结构施工图的有关规定

绘制结构施工图时，应遵守 GB/T 50001—2017《房屋建筑制图统一标准》和 GB/T 50105—2010《建筑结构制图标准》中的有关规定。

1）图线。结构施工图中图线的线型和线宽应符合表2-4中的规定。

表2-4　钢筋混凝土结构示意图

| 名称 | | 线型 | 线宽 | 一般用途 |
|---|---|---|---|---|
| 实线 | 粗 | —————— | $b$ | 螺栓线、钢筋线、结构平面图中的单线结构构件线、钢木支撑及系杆线、图名下横线、剖切线 |
| | 中 | —————— | $0.5b$ | 结构平面图及详图中剖到或可见的墙身轮廓线、基础轮廓线、可见的钢筋混凝土构件轮廓线、钢筋线 |
| | 细 | —————— | $0.25b$ | 标注引出线、标高符号线、索引符号线、尺寸线 |

续表

| 名称 | | 线型 | 线宽 | 一般用途 |
|---|---|---|---|---|
| 虚线 | 粗 | | $b$ | 不可见的钢筋线、螺栓线、结构平面图中不可见的单线结构构件线及钢、木支撑线 |
| | 中 | | $0.5b$ | 结构平面图中的不可见构件、墙身轮廓线及不可见钢、木结构构件线、不可见的钢筋线 |
| | 细 | | $0.25b$ | 基础平面图中的管沟轮廓线、不可见的钢筋混凝土构件轮廓线 |
| 单点长画线 | 粗 | —·—·— | $b$ | 柱间支撑、垂直支撑、设备基础轴线图中的中心线 |
| | 细 | —·—·— | $0.25b$ | 定位轴线、对称线、中心线、重心线 |
| 双点长画线 | 粗 | —··—··— | $b$ | 预应力钢筋线 |
| | 细 | —··—··— | $0.25b$ | 原有结构轮廓线 |
| 折断线 | 细 | | $0.25b$ | 断开界线 |
| 波浪线 | 细 | | $0.25b$ | 断开界线 |

2）比例。绘制结构图时，针对图样的用途和复杂程度，选用表 2-5 中的常用比例，特殊情况下也可选用可用比例。当结构的纵横向断面尺寸相差悬殊时，也可在同一详图中选用不同比例。

表 2-5 结构施工图中的图线

| 图名 | 常用比例 | 可用比例 |
|---|---|---|
| 结构平面布置、基础平面图 | 1:50，1:100，1:150，1:200 | 1:60 |
| 圈梁平面图、总图中管沟、地下设施等 | 1:200，1:500 | 1:300 |
| 详图 | 1:10，1:20 | 1:4，1:5，1:25 |

3）构件代号。结构施工图中构件的名称宜用代号表示，代号后应用阿拉伯数字标注该构件的型号或编号，也可为构件顺序号。国标规定常用构件代号见表 2-6。

表2-6 常用构件的代号

| 名称 | 代号 | 名称 | 代号 | 名称 | 代号 |
|---|---|---|---|---|---|
| 板 | B | 过梁 | GL | 构造柱 | GZ |
| 屋面板 | WB | 连系梁 | LL | 基础 | J |
| 楼梯板 | TB | 基础梁 | JL | 桩 | ZH |
| 盖板或沟盖板 | GB | 楼梯梁 | TL | 梯 | T |
| 空心板 | KB | 屋架 | WJ | 雨篷 | YP |
| 梁 | L | 框架 | KJ | 阳台 | YT |
| 框架梁 | KL | 钢架 | GJ | 预埋件 | M |
| 屋面梁 | WL | 支架 | ZJ | 钢筋网 | W |
| 吊车梁 | DL | 柱 | Z | 钢筋骨架 | G |
| 圈梁 | QL | 框架柱 | KZ | 剪力墙 | Q |

注：预应力钢筋混凝土构件的代号，应在构件代号前加注"Y"，如Y—DL表示预应力混凝土吊车梁。

4）定位轴线。结构施工图上的轴线、编号，以及轴线间的尺寸应与建筑施工图中的一致。

5）尺寸标注。结构施工图上的尺寸标注应与建筑施工图中的相吻合，但结构施工图中所注尺寸是结构的实际尺寸，即不包括表面粉刷或面层的厚度。在桁架式结构的单线图中，其几何尺寸可直接注写在杆件的一侧，而不需要画尺寸界线；在杆件布置和受力均对称的桁架单线图中，可在左半边标注尺寸，右半边标注内力值和反力值。

**2. 钢筋混凝土构件图的图示方法**

（1）钢筋混凝土构件施工图的内容与特点

1）钢筋混凝土构件施工图的主要内容

①构件名称或代号、比例。

②构件定位轴线及其编号。

③构件的形状、尺寸以及配筋情况，其中钢筋的配置是主要内容。

④构件的结构标高。

⑤施工说明等。

2）钢筋混凝土构件施工图的特点

①结构图采用正投影法绘制。

②钢筋的图线用粗实线表示，钢筋的截面用小黑圆点涂黑表示，构件外轮廓线、尺寸线、引出线等用细实线表示。

③构件的名称应用代号来表示,这种代号一般采用汉语拼音,代号后应用阿拉伯数字标注该构件的型号或编号。

(2)钢筋混凝土构件施工图中钢筋的表示方法

1)钢筋的种类与符号。在现行的《混凝土结构设计规范》中,对钢筋的标注按其产品种类不同分别给予不同的符号。钢筋的种类与符号见表2-7。

表2-7 钢筋的种类与符号

| 钢筋品种 | 符号 | 钢筋品种 | 符号 |
|---|---|---|---|
| HPB300 | $\phi$ | 光面预应力钢丝 | $\phi^{PM}$ |
| HRB335 | $\Phi$ | 螺旋肋预应力钢丝 | $\phi^{HM}$ |
| HRB400 | $\Phi$ | 预应力螺纹钢筋 | $\phi^{T}$ |
| HRBF400 | $\Phi^{F}$ | 光面消除应力钢丝 | $\phi^{P}$ |
| RRB400 | $\Phi^{R}$ | 螺旋肋消除应力钢丝 | $\phi^{H}$ |
| HRB500 | $\Phi$ | 钢绞线 | $\phi^{S}$ |
| HRBF500 | $\Phi^{F}$ | — | — |

2)结构施工图中钢筋的常规画法。结构施工图中钢筋的常规画法见表2-8。

表2-8 普通钢筋的表示方法

| 序号 | 名称 | 图例 | 说明 |
|---|---|---|---|
| 1 | 钢筋横断面 | ● | — |
| 2 | 无弯钩的钢筋端部 | 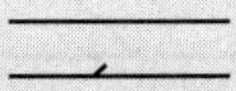 | 下图表示长短钢筋投影重叠时,短筋的端部用45°斜划线表示 |
| 3 | 带半圆形弯钩的钢筋端部 | | — |
| 4 | 带直钩的钢筋端部 |  | — |
| 5 | 带丝扣的钢筋端部 |  | — |
| 6 | 无弯钩的钢筋搭接 |  | — |
| 7 | 带半圆弯钩的钢筋搭接 |  | — |
| 8 | 带直钩的钢筋搭接 |  | — |
| 9 | 花篮螺丝的钢筋搭接 | 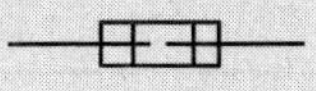 | — |
| 10 | 机械连接的钢筋搭接 | | 用文字说明机械连接的方式(如冷挤压或直螺纹等) |

3）钢筋、钢丝束和钢筋网片的标注。钢筋的标注主要是钢筋数量、型号的标注。结构施工图中要求钢筋、钢丝束及钢筋网片的标注应按下列规定：钢筋、钢丝束的标注应给出钢筋的代号、直径、数量、间距、编号及所在位置，应沿钢筋的长度标注或标注在相关钢筋的引出线上；钢筋、钢丝束等编号的直径应采用5~6mm的细实线圆表示，其编号应采用阿拉伯数字按顺序编写，如图2-17所示。例如，Φ8@200表示直径为8mm的HPB300级钢筋，每200mm放置一根（@为等间距符号）。

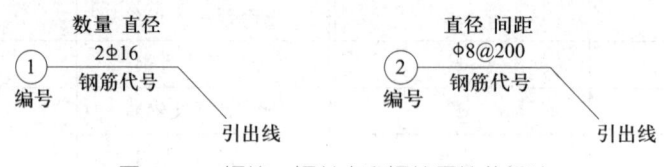

图2-17 钢筋、钢丝束和钢筋网片的标注

### 3. 钢筋混凝土构件的识图

（1）钢筋混凝土梁结构详图

钢筋混凝土梁结构详图主要包括立面图、断面图，为便下料还可以把各号钢筋抽出来绘成钢筋详图，列钢筋表。图2-18所示为钢筋混凝土梁结构详图，该梁的两端搁置在砖墙上，是一个简支梁。

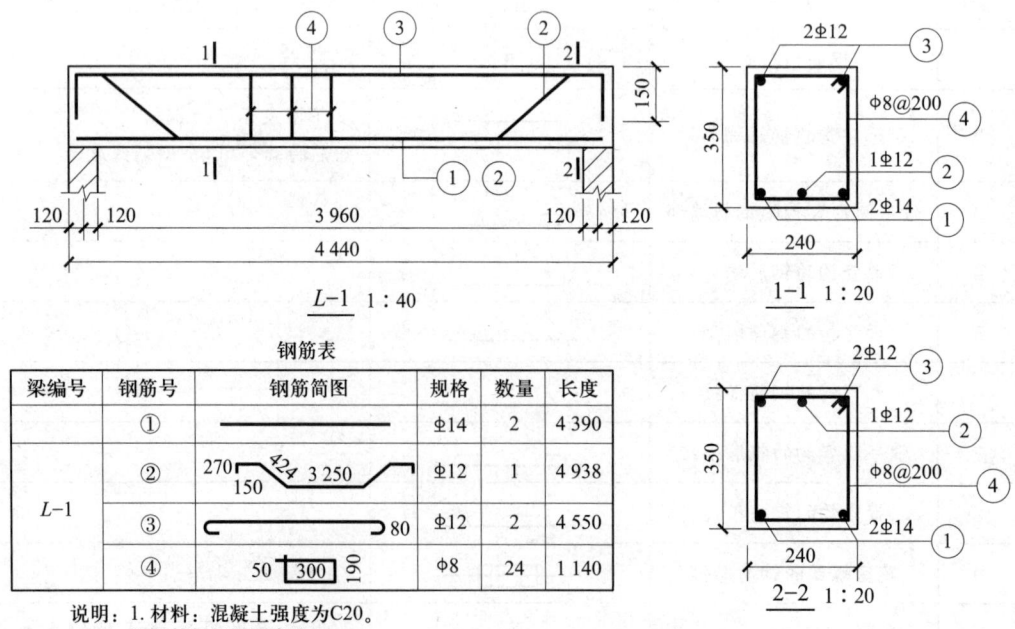

图2-18 钢筋混凝土梁结构详图

（2）钢筋混凝土柱结构详图

柱是房屋的主要承重构件，其结构详图包括立面图和断面图，如果柱的外形变化复杂或有预埋件，则还应增画模板图。

图 2-19 所示为带有牛腿的钢筋混凝土柱在牛腿这一段的示意图。牛腿一般用于支承梁，在工业厂房中常用来支承吊车梁。在支承吊车梁的牛腿之上的柱称为上层柱，主要用来支承屋架，断面较小；牛腿之下的柱称为下层柱，因受力大，故断面较大。为了节省材料，下层柱的断面设计成工字形。图 2-20 所示为一根带有牛腿的钢筋混凝土柱的配筋图、断面图和模板图。

从模板图中可以看出，该柱的总长为 10.5 m，柱顶标高为 9.4 m，牛腿标高为 6.22 m。牛腿之上的上柱，主要用来支承屋架，断面较小，为 400 mm × 400 mm 方形实心柱。柱顶处 M-3 表示编号为 3 的螺杆预埋件，用来与屋架焊接。M-2 与吊车梁焊接，M-1、M-4 与墙板焊接（预埋件的具体做法另有详图表示）。上、下柱之间突出的是牛腿，用来支承吊车梁，为 400 mm × 950 mm 的矩形柱。牛腿之下的下柱，因受力较大，为 400 mm × 600 mm 的工字形柱。

上柱受力筋采用 4⌀18，分布在四角；下柱受力筋采用 3⌀18 和 3⌀14，均匀分布在柱的两边。上、下柱的受力筋都伸入牛腿，使上下层连成一体。当长短钢筋投影重叠时，在钢筋的端部用 45°粗实线表示；在两条无弯钩的钢筋搭接处，则在搭接两端各画 45°短粗实线。

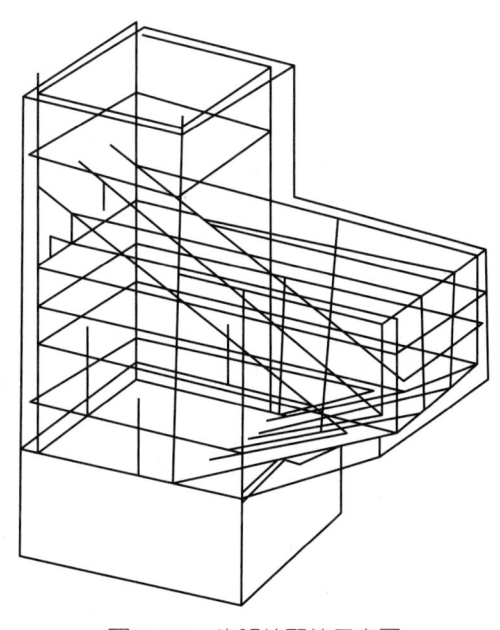

图 2-19 牛腿柱配筋示意图

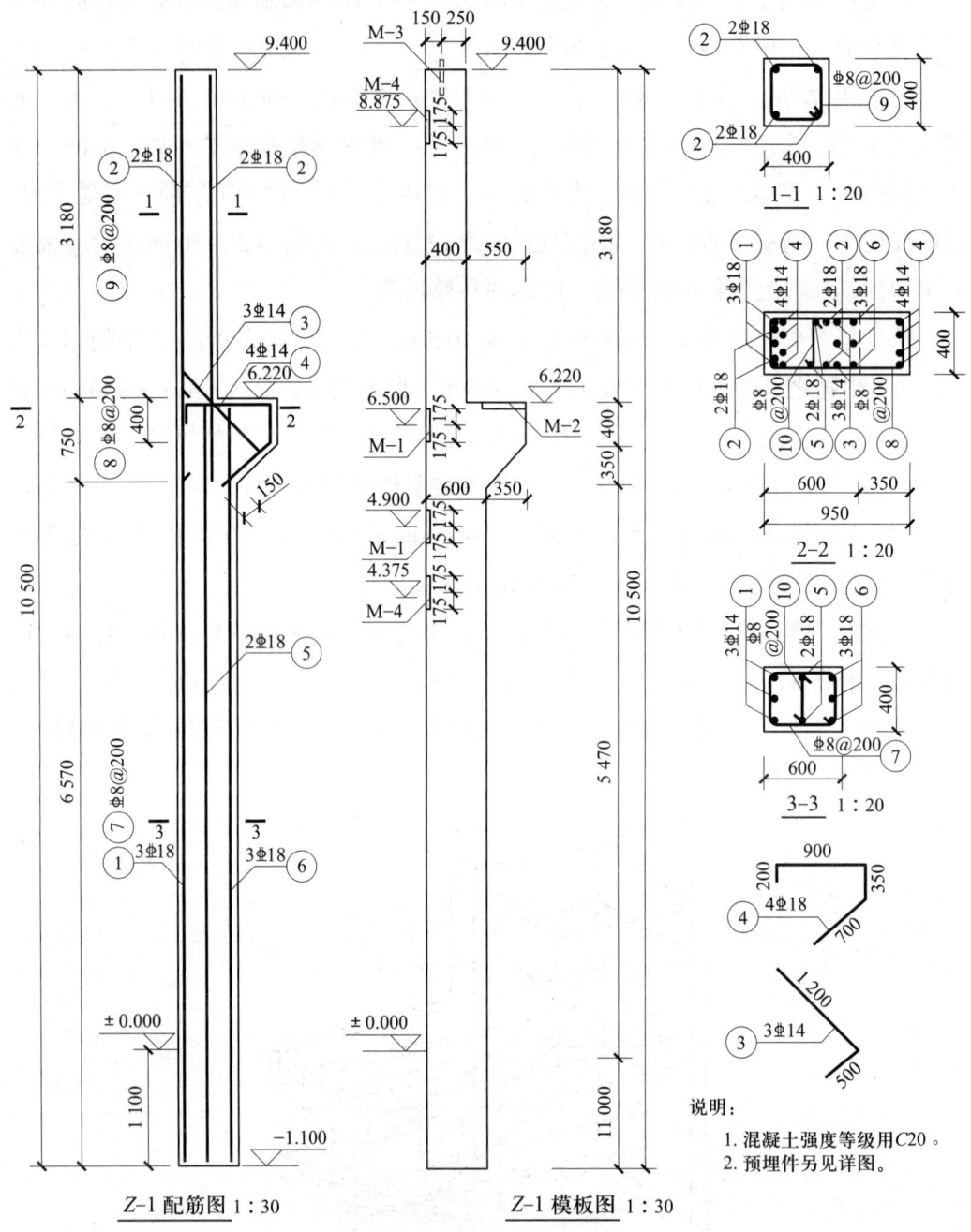

图 2-20 钢筋混凝土柱结构详图

上、下柱箍筋编号分别为9和7,均为Φ8@200。在牛腿部分要承受吊车梁荷载,该部分配筋比较复杂,所以这一段有两种弯筋,编号为8的箍筋采用Φ8@200,形状随牛腿断面逐步变化。另外用编号为3和4的弯筋加强牛腿。因投影重叠，在立面图中分不清它们的弯曲形状和各段长度，在配筋附近画出它们的具体形状并标注其相应编号、根数、直径和各段长度，以便于立面图和断面图对照阅读。

在配筋图的尺寸附近有箍筋的布置线，在箍筋的布置线上分段表示了箍筋的布置。

**4. 柱平法施工图的制图规则及示例**

柱平法施工图是在柱平面布置图上采用列表注写方式或截面注写方式表达，并按规定注明各结构层的楼面标高、结构层高及相应的结构层号。柱平面布置图，可采用适当比例单独绘制，也可与剪力墙平面布置图合并绘制。

（1）列表注写方式

列表注写方式，是在柱平面布置图上（图2-21），分别在同一编号的柱中选择一个（有时需要选择几个）截面标注几何参数代号。在柱表中（表2-9）注写柱号、柱段起止标高、几何尺寸（含柱截面对轴线的偏心情况）与配筋的具体数值，并配以各种柱截面形状及其箍筋类型图的方式，来表达柱平法施工图。

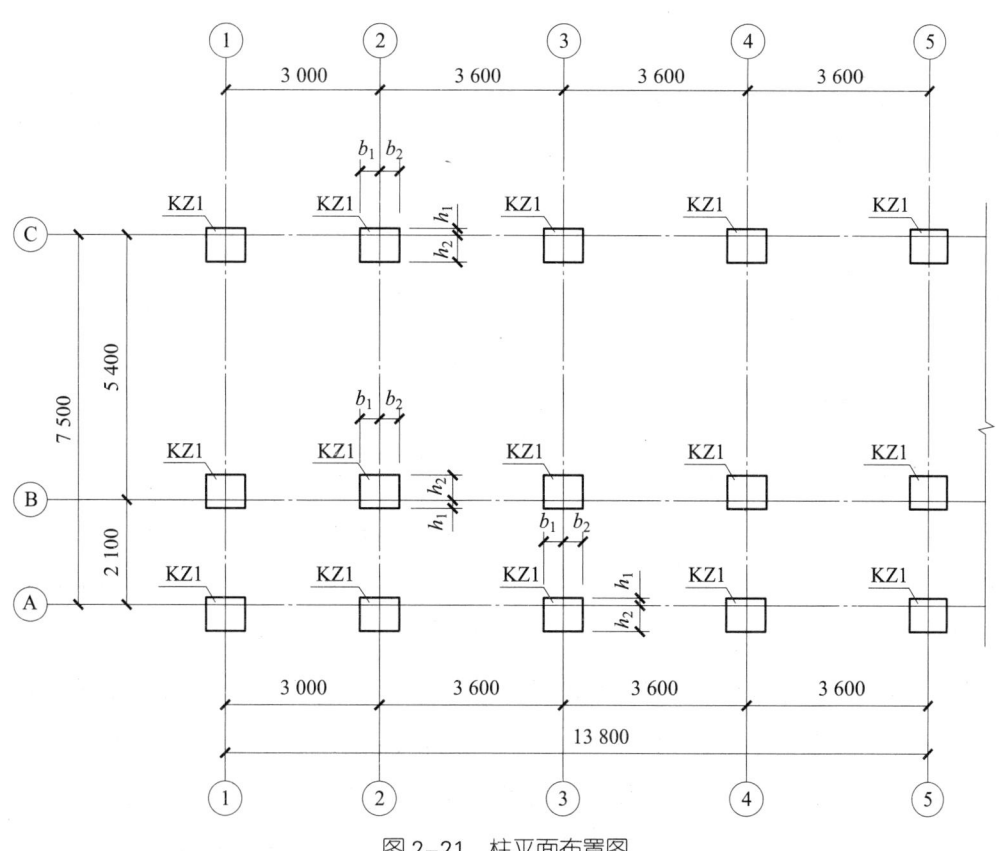

图2-21 柱平面布置图

表2-9 柱表

| 柱号 | 标高 | b×h | $b_1$ | $b_2$ | $h_1$ | $h_2$ | 全部纵筋 | 角筋 | b边一侧中部筋 | h边一侧中部筋 | 箍筋类型号 | 箍筋 | 备注 |
|---|---|---|---|---|---|---|---|---|---|---|---|---|---|
| KZ1 | −0.030～3.870 | 750×700 | 375 | 375 | 150 | 550 | 12⌀25 | | | | 1(4×4) | ⌀10@100/200 | |
| | 3.870～11.070 | 750×700 | 375 | 375 | 150 | 550 | | 4⌀25 | 2⌀22 | 2⌀22 | 1(4×4) | ⌀10@100/200 | |
| | 11.070以上 | 750×700 | 375 | 375 | 150 | 550 | 12⌀20 | | | | 1(4×4) | ⌀10@100/200 | |

注：箍筋类型图为 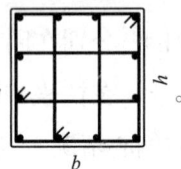 。

柱表注写方式有以下规定。

1）注写柱编号。柱编号由类型代号和序号组成，应符合表2-10的规定。编号时，当柱的总高、分段截面尺寸和配筋均对应相同，仅分段截面与轴线的关系不同时，仍可将其编为同一柱号，但应在图中注明截面与轴线的关系。

表2-10 柱编号表

| 柱类型 | 代号 | 序号 |
|---|---|---|
| 框架柱 | KZ | XX |
| 框支柱 | KZZ | XX |
| 芯柱 | XZ | XX |
| 梁上柱 | LZ | XX |
| 剪力墙上柱 | QZ | XX |

2）注写各段柱的起止标高。自柱根部往上以变截面位置或截面未变但配筋改变处为界分段注写。框架柱和框支柱的根部标高是指基础顶面标高；芯柱的根部标高是指根据结构实际需要而定的起始位置标高；梁上柱的根部标高是指梁顶面标高；剪力墙上柱的根部标高分两种，当柱纵筋锚固在墙顶部时，其根部标高为墙顶面标高，当柱与剪力墙重叠一层时，其根部标高为墙顶面往下一层的结构层楼面标高。

3）注写尺寸符号和数值。对于矩形柱，注写柱截面尺寸 $b \times h$ 及与轴线关系的几何参数代号 $b_1$、$b_2$ 和 $h_1$、$h_2$ 的具体数值，须对应于各段柱分别注写。其中 $b=b_1+b_2$，$h=h_1+h_2$。当截面的某边收缩变化至与轴线重合或偏到轴线的另一侧时，$b_1$、$b_2$、$h_1$、$h_2$ 中的某项为零或为负值。对于圆柱，表中 $b \times h$ 一栏改用在圆柱直径数字前加 $d$ 表示。对于芯柱，截面尺寸按构造确定，并按标准构造详图施工，设计不注；当设计者采用与本构造详图不同的做法时，应另行注明。

4）注写柱纵筋。当柱纵筋直径相同，各边根数也相同时（包括矩形柱、圆柱和芯柱），将纵筋注写在"全部纵筋"一栏中。除此之外，柱纵筋分角筋、截面 $b$ 边中部筋和 $h$ 边中部筋三项分别注写。对于采用对称配筋的矩形截面柱可仅注写一侧中部筋，对称边省略不注；对于采用非对称配筋的矩形截面柱，必须每侧均注写中部筋。

5）注写箍筋类型号和箍筋肢数。具体工程所设计的各种箍筋类型图以及复合箍筋的具体方式，需将箍筋截面图画在柱表的上部或者柱平面布置图中的适当位置，并在其上标注与表中相对应的 $b$、$h$ 和类型号。

6）注写柱箍筋，包括钢筋级别、直径与间距。

用斜线"/"区分柱端箍筋加密区与柱身非加密区长度范围内箍筋的不同间距。

Φ10@100/200，表示箍筋为HPB300级钢筋，直径为10 mm，加密区间距为100 mm，非加密区间距为200 mm。

当框架节点核心区内箍筋与柱端箍筋设置不同时，应在括号中注明核心区箍筋直径及间距。

Φ10@100/200（Φ12@100），表示柱中箍筋为HPB300级钢筋，直径为10 mm，加密区间距为100 mm，非加密区间距为200 mm；框架节点核心区箍筋为HPB300级钢筋，直径为12 mm，间距为100 mm。

当箍筋沿柱全高为一种间距时，则不使用"/"线。

Φ10@100，表示柱中箍筋为HPB300级钢筋，直径为10 mm，间距为100 mm，沿柱全高加密。

当圆柱采用螺旋箍筋时，需在箍筋前加"L"。

LΦ10@100/200，表示采用螺旋箍筋，HPB300，箍筋直径为10 mm，加密区间距为100 mm，非加密区间距为200 mm。

（2）截面注写方式

截面注写方式，是在柱平面布置图的柱截面上，分别在同一编号的柱中选择一个截面，按另一种比例原位放大绘制柱截面配筋图，并在各配筋图上继其编号后再注写截面尺寸 $b×h$、角筋或全部纵筋、箍筋的具体数值，以及在柱截面配筋图上标注柱截面与轴线关系 $b_1$、$b_2$、$h_1$、$h_2$ 的具体数值，如图 2-22 所示。

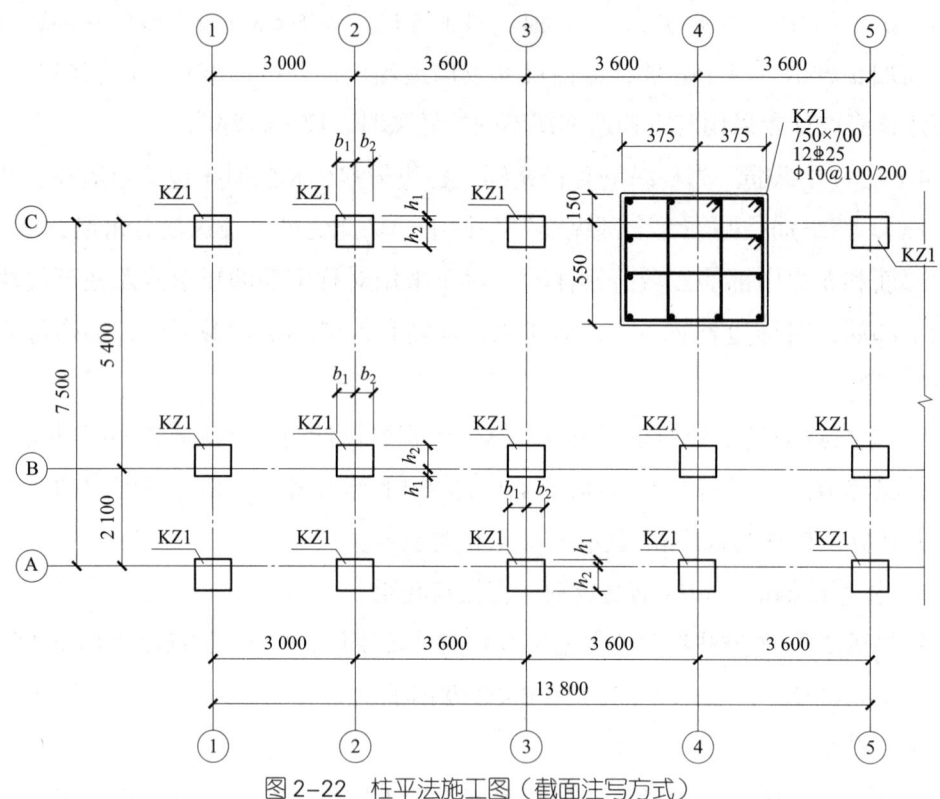

图 2-22 柱平法施工图（截面注写方式）

 **小贴士**

> 结构层楼面标高是指将建筑图中的各层地面和楼面标高值扣除建筑面层及垫层做法厚度后的标高。

**5. 梁平法施工图的制图规则及示例**

梁平法施工图是在梁平面布置图上采用平面注写方式或截面注写方式表达，按规定注明各结构层的顶面标高及相应的结构层号。

（1）平面注写方式

平面注写方式是在梁平面布置图上，分别在不同编号的梁中各选一根梁，在其上注写截面尺寸和配筋具体数值的方式来表达梁平法施工图，包括集中标注与原位标注，如图 2-23 所示。集中标注表达梁的通用数值，原位标注表达梁的特殊数值，在读施工图时，原位标注取值优先。

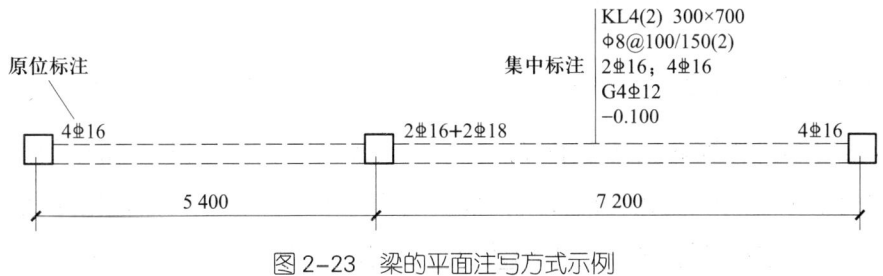

图 2-23 梁的平面注写方式示例

1）集中标注。梁集中标注的内容有五项必注值，一项选注值，必注值包括梁编号、梁截面尺寸、梁箍筋、梁上部通长筋或架立筋、梁侧面纵向构造钢筋或受扭钢筋的配置，选注值为梁顶面标高高差。

①梁编号。梁编号由梁类型、代号、序号、跨数及其有无悬挑代号几项组成，见表 2-11。

表 2-11 梁编号

| 梁类型 | 代号 | 序号 | 跨数及其有无悬挑 |
| --- | --- | --- | --- |
| 楼层框架梁 | KL | XX | （XX）、（XXA）或（XXB） |
| 屋面框架梁 | WKL | XX | （XX）、（XXA）或（XXB） |
| 框支梁 | KZL | XX | （XX）、（XXA）或（XXB） |
| 非框架梁 | L | XX | （XX）、（XXA）或（XXB） |
| 悬挑梁 | XL | XX | （XX）、（XXA）或（XXB） |
| 井字梁 | JZL | XX | （XX）、（XXA）或（XXB） |

注：（XX）仅表示跨数，无悬挑；（XXA）表示一端有悬挑；（XXB）表示两端有悬挑，悬挑不计入跨数。

②梁截面尺寸。当为等截面梁时，用 $b \times h$ 表示。当为加腋梁时，用 $b \times h Y C_1 \times C_2$ 表示，其中 $C_1$ 表示腋长，$C_2$ 表示腋高，如图 2-24 所示。但在多跨梁的集中标注已注明加腋，但其中某跨的端部不需要加腋时，则通过在该跨原位标注的截面 $b \times h$ 来修正集中标注的加腋信息。当有悬挑梁且根部和端部的高度不同时，用斜线分隔根部与端部的高度值，即 $b \times h_1/h_2$，其中 $h_1$ 是板根部厚度，$h_2$ 是板端部厚度，如图 2-25 所示。

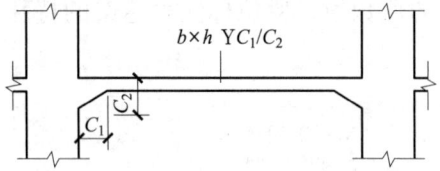 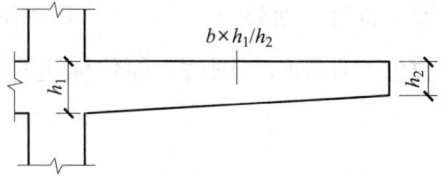

图 2-24 加腋梁截面尺寸示意图　　图 2-25 悬挑梁不等高截面示意图

③梁箍筋。梁箍筋包括钢筋级别、直径、加密区与非加密区间距及肢数，箍筋肢数写在标注数值最后的括号内。箍筋加密区和非加密区的不同间距及肢数需用斜线"/"分隔，写在斜线前面的数值是加密区箍筋的间距，写在斜线后面的数值是非加密区箍筋的间距；当梁箍筋为同一种间距及肢数时，则不用斜线；当梁箍筋加密区与非加密区肢数相同时，则将肢数注写一次。

Φ8@100/150（2），表示箍筋为HPB300级钢筋，直径为8 mm，加密区间距为100 mm，非加密区间距为150 mm，两肢箍。

Φ8@100（4）/250（2），表示箍筋为HPB300级钢筋，直径为8 mm，加密区间距为100 mm，四肢箍，非加密区间距为250 mm，两肢箍。

18Φ10@150（4）/250（2），表示箍筋为HPB300级钢筋，直径为10 mm，梁的两端各有18个四肢箍，间距150 mm，梁跨中部分间距为250 mm，两肢箍。

④梁上部通长筋或架立筋。梁上部通长筋是根据梁受力以及构造要求配置的。当同排纵筋中既有通长筋又有架立筋时，应用"+"将通长筋与架立筋相连。注写时需将角部纵筋写在加号前，架立筋写在加号后面的括号内，以示不同直径及与通长筋的区别。当全部采用架立筋时，则将其写入括号内。

2Φ22+（4Φ20），表示2Φ22为通长筋，且为角筋，4Φ20为架立筋。

当梁的上部纵筋和下部纵筋为全跨相同，且多数跨配筋相同时，此项可加注下部纵筋的配筋值，用分号"；"将上部与下部纵筋的配筋值分隔开来。

2Φ22；4Φ20表示梁的上部配置2Φ22的通长筋，梁的下部配置4Φ20的通长筋。

⑤梁侧面纵向构造钢筋或受扭钢筋。当梁的腹板高度$h_w \geq 450$ mm时，需配置纵向构造钢筋，此项注写值以大写字母G打头，注写设置在梁两个侧面的总配筋值，且对称配置。

G4Φ12，表示梁的两个侧面共配置4Φ12的纵向构造钢筋，每侧各配置2Φ12。

当梁侧面需配置受扭纵向钢筋时，此项注写值以大写字母N打头，注写设置在梁两个侧面的总配筋值，且对称配置。

N6$\phi$22，表示梁的两个侧面共配置 6$\phi$22 的受扭纵向钢筋，每侧各配置 3$\phi$22。

⑥梁顶面标高高差。梁顶面标高高差，是指梁顶面标高相对于结构层楼面标高的高差值，对于位于结构夹层的梁，则是指相对于结构夹层楼面标高的高差。有高差时，需将其写入括号内，无高差时不注。当某梁的顶面高于所在结构层的楼面标高时，其标高高差为正值，反之为负值。

某结构标准层的楼面标高为 44.950 m，当这个标准层中某梁顶面标高高差注写为（-0.050）时，即表明该梁顶面标高为相对于 44.950 m 低 0.05 m。

2）原位标注。原位标注表达梁的特殊数值，在读施工图时，原位标注取值优先。

①梁支座上部纵筋。该部位包含通长筋在内的所有纵筋。

当上部纵筋多于一排时，用斜线"/"将各排纵筋自上而下分开。

梁支座上部纵筋注写为 6$\phi$22 4/2，则表示上一排纵筋为 4$\phi$22，下一排纵筋为 2$\phi$22。

当同排纵筋有两种直径时，用加号"+"将两种直径的纵筋相连，注写时将角部纵筋写在前面。

梁支座上部纵筋注写为 2$\phi$25+2$\phi$22，则表示梁上部有四根纵筋，2$\phi$25 放在角部，2$\phi$22 放在中部。

当梁中间支座两边的上部纵筋不同时，须在支座两边分别标注；当梁中间支座两边的上部纵筋相同时，可仅在支座的一边标注配筋值，另一边省去不注。

②梁下部纵筋。当下部纵筋多于一排时，用斜线"/"将各排纵筋自上而下分开。

梁下部纵筋注写为 6$\phi$25 2/4，则表示上一排纵筋为 2$\phi$25，下一排纵筋为 4$\phi$25，全部伸入支座。

当同排纵筋有两种直径时，用加号"+"将两种直径的纵筋相连，注写时将角部纵筋写在前面。

当梁下部纵筋不全部伸入支座时，将梁支座下部纵筋减少的数量写在括号内。

梁下部纵筋注写为 6$\phi$25 2（-2）/4，则表示上排纵筋为 2$\phi$25，且不伸入支座；下一排纵筋为 4$\phi$25，全部伸入支座。

梁下部纵筋注写为 2$\phi$25+3$\phi$22（-3）/5$\phi$25，表示上排纵筋为 2$\phi$25 和 3$\phi$22，其中 3$\phi$22 不伸入支座；下一排纵筋为 5$\phi$25，全部伸入支座。

③附加箍筋或吊筋。附加箍筋和吊筋宜直接画在平面图中的主梁上，用线引

注总配筋值。当多数附加箍筋与吊筋相同时，可在梁平法施工图上统一注明，少数不同值再原位标注，如图2-26所示。

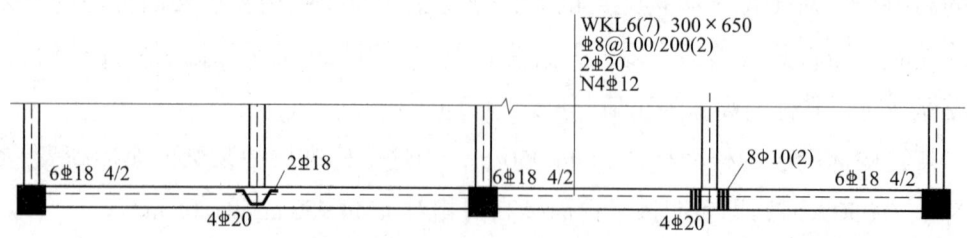

图2-26 附加箍筋和吊筋示意图

④当在梁上集中标注的内容不适用于某跨或某悬挑部分时，可将其不同数值原位标注在该部位。

（2）截面注写方式

截面注写方式，是在分标准层绘制的梁平面布置图上，分别在不同编号的梁中各选择一根梁用剖面号引出配筋图，并在其上注写截面尺寸和配筋具体数值的方式来表达梁平法施工图，如图2-27所示。

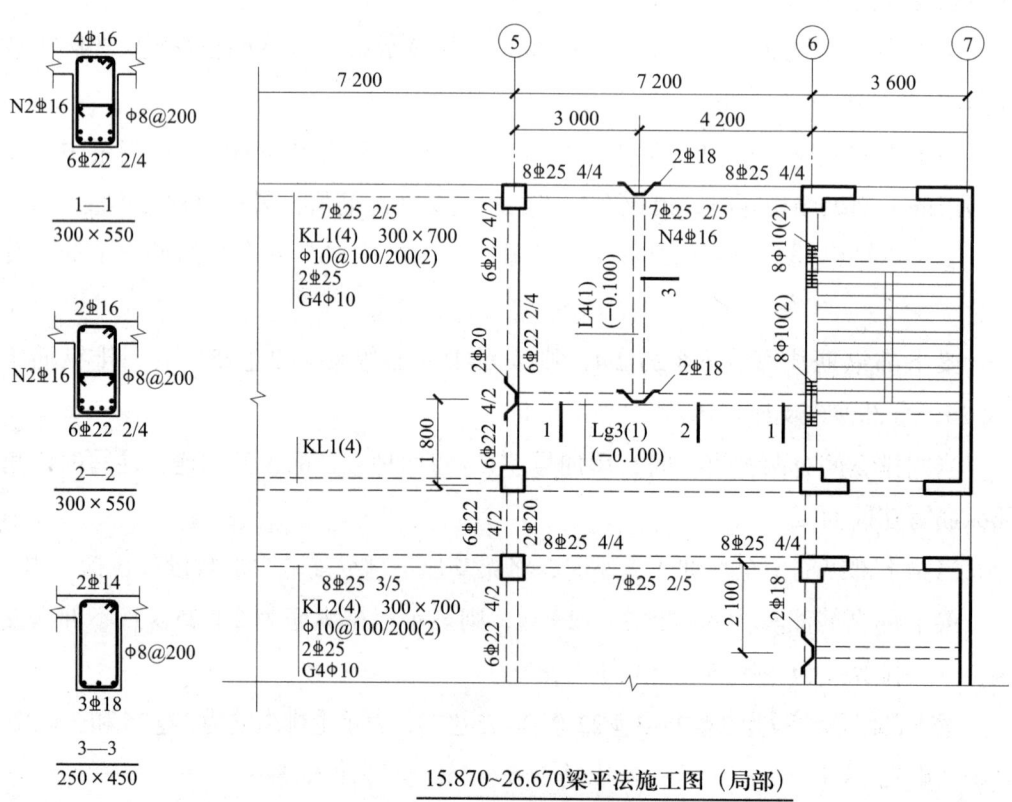

15.870~26.670梁平法施工图（局部）

图2-27 梁截面注写方式

### 6. 有梁楼盖板的识图

有梁楼盖板平法施工图，是在楼面板和屋面板布置图上，采用平面注写的表达方式。板平面注写主要包括板块集中标注与板支座原位标注。

（1）板块集中标注

板块集中标注的内容为板块编号、板厚、贯通纵筋，以及当板面标高不同时的标高高差。

1）板块编号见表 2-12。

表 2-12 板块编号

| 板类型 | 代号 | 序号 |
| --- | --- | --- |
| 楼面板 | LB | XX |
| 屋面板 | WB | XX |
| 悬挑板 | XB | XX |

2）板厚注写为 $h=xxx$，当悬挑板的端部改变截面厚度时，用斜线分割根部与端部的高度值，注写为 $h=xxx/xxx$。

3）贯通纵筋按下部和上部分别注写，并以 B 代表下部，以 T 代表上部，B&T 代表下部与上部；x、y 向纵向贯通筋分别以 X、Y 打头，两向纵向贯通筋以 X&Y 打头。当在某些板内配置有构造钢筋时，x 向以 Xc，y 向以 Yc 打头注写。

当贯通钢筋采用两种规格的钢筋"隔一布一"时，表达为 Φxx/yy@xxx，表示直径为 xx 的钢筋和直径为 yy 的钢筋二者之间的间距为 xxx，直径 xx 的钢筋的间距为 xxx 的 2 倍，直径 yy 的钢筋的间距为 xxx 的 2 倍。

4）板面标高高差，是指相对于结构层楼面标高的高差，应将其注写在括号内，且有高差则注，无高差不注。

（2）板支座原位标注

板支座原位标注的内容为板支座上部非贯通钢筋和悬挑板上部受力钢筋。板支座上部非贯通筋自支座中线向跨内的伸出长度，注写在线段的下方位置。当中间支座上部非贯通筋向支座两侧对称伸出时，可仅在支座一侧线段下方标注伸出长度，另一侧不注，如图 2-28 所示。当向支座两侧非对称伸出时，应分别在支座两侧线段下方注写伸出长度，如图 2-29 所示。

对线段画至对边贯通全跨或贯通全悬挑长度的上部通长纵筋，贯通全跨或伸出至全悬挑一侧的长度值不注，只注明非贯通筋另一侧的伸出长度值，如图 2-30 所示。

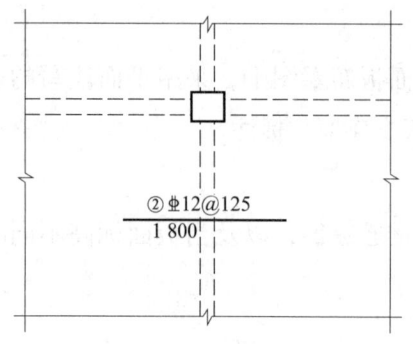
图 2-28 板支座上部非贯通筋对称伸出

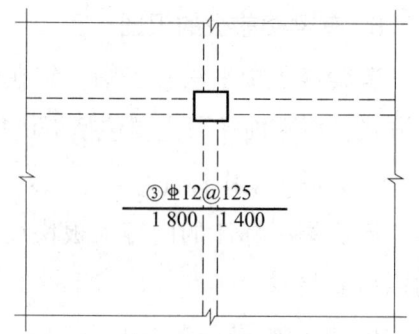
图 2-29 板支座上部非贯通筋非对称伸出

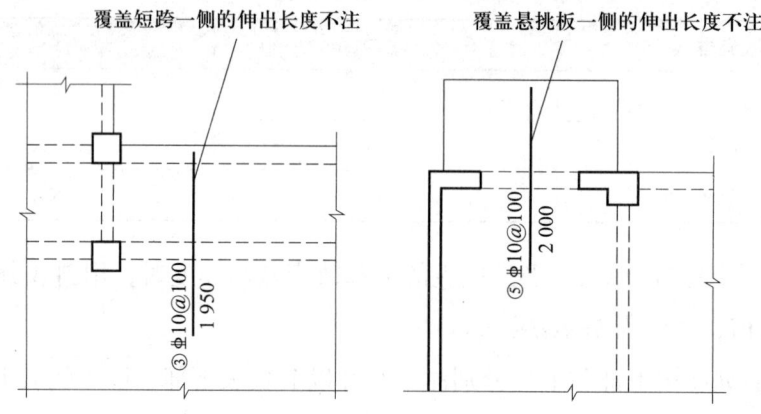
图 2-30 板支座非贯通筋贯通全跨或伸出至悬挑端

悬挑板的注写方式如图 2-31 所示。当悬挑板端部厚度不小于 150 mm 时，设计者应指定板端部封边构造方式，当采用 U 形钢筋封边时，应指定 U 形钢筋的规格、直径。

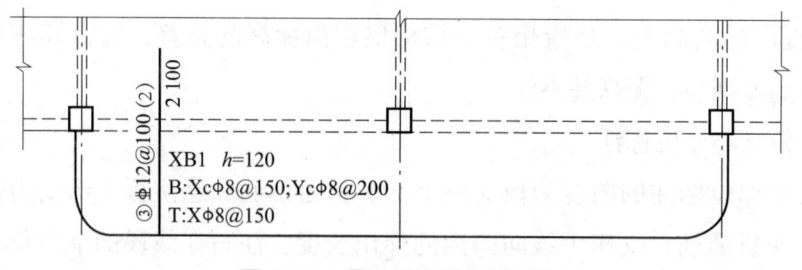
图 2-31 悬挑板支座非贯通筋

### 7. 基础图的识图

（1）基础的类型

基础是位于建筑物最下面的承重结构，它承受建筑物的全部荷载，并把荷载传给地基。民用建筑的基础按构造特点可分为条形基础、独立基础、整片基础（梁板式基础、板式基础、箱形基础）、桩基础等，如图 2-32 ~ 图 2-35 所示。按材料可分为砖基础、毛石基础、钢筋混凝土基础等，如图 2-36 ~ 图 2-38 所示。

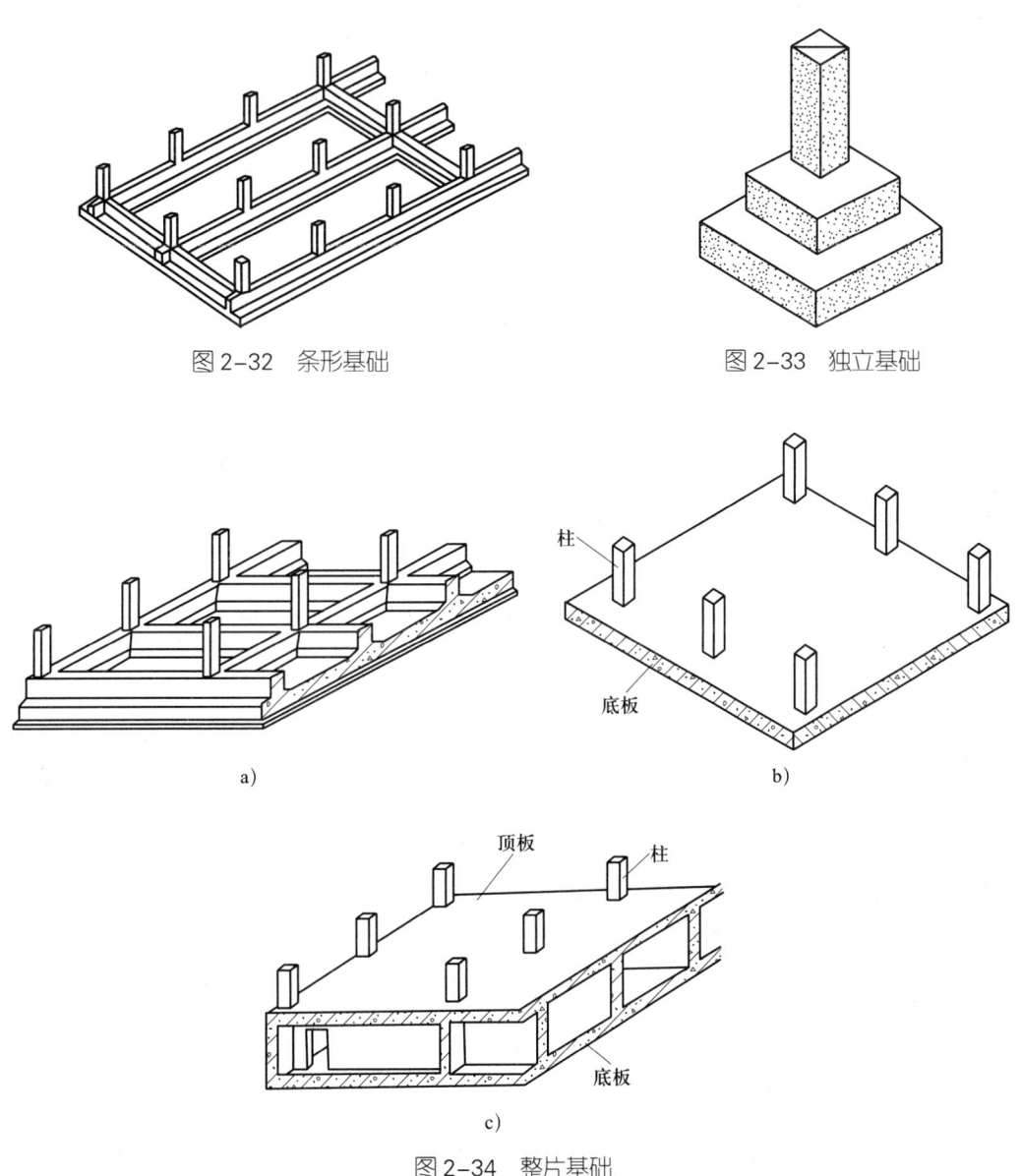

图 2-32 条形基础    图 2-33 独立基础

图 2-34 整片基础
a）梁板式基础  b）板式基础  c）箱形基础

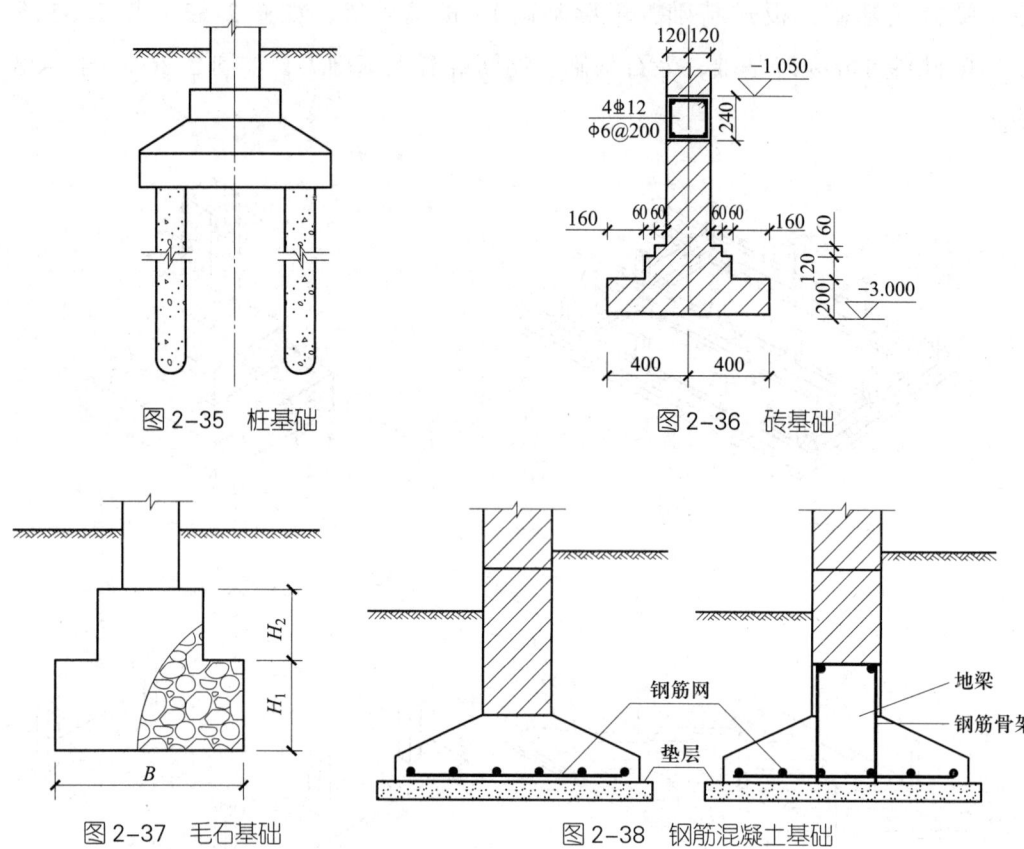

图 2-35 桩基础　　　　图 2-36 砖基础

图 2-37 毛石基础　　　　图 2-38 钢筋混凝土基础

（2）基础图的内容

在基础平面图中应表示出墙体轮廓线、基础轮廓线、基础的宽度和基础剖面图的位置、标注定位轴线和定位轴线之间的距离。在基础剖面图中应包括全部不同基础的剖面图。图中应反映剖切位置处基础的类型、构造和钢筋混凝土基础的配筋情况，所用材料的强度、钢筋的种类、数量和分布方式等，应详尽标注出各部分尺寸。基础图应包含的主要内容如下。

1）图名和比例。

2）纵横向定位轴线及编号、轴线尺寸。

3）基础墙、柱的平面布置，基础底面形状、大小及其与轴线的关系。

4）基础梁的位置、代号。

5）基础的编号、基础断面图的剖切位置及其编号。

6）施工说明，即所用材料的强度、防潮层做法、设计依据以及施工注意事项。

（3）基础详图

1）基础详图的形成。在基础平面图上的某一处用铅垂剖切面切开基础所得到的断面图称基础详图,主要表明基础各部的详细尺寸和构造。

2)基础详图的内容

①图名、比例。

②轴线及其编号。

③基础断面形状、大小、材料及配筋。

④基础断面的详细尺寸和室内外地面标高及基础底面的标高。

⑤防潮层的位置和做法。

⑥垫层、基础墙、基础梁的形状、大小、材料和标号。

⑦施工说明。

3)基础详图的表示方法

①图线。基础详图的轮廓线用中实线表示,钢筋符号用粗实线绘制。钢筋混凝土独立基础除画出基础的断面图外,有时还要画出基础的平面图,并在平面图中采用局部剖面表达底板配筋。

②比例和图例。基础详图常用1∶10、1∶20、1∶50的比例绘制。基础断面除钢筋混凝土材料外,其他材料宜画出材料图例符号。

(4)基础的埋置深度

基础的埋置深度是指室外地坪到基础底面的距离。一般基础的埋深应考虑建筑物上部荷载的大小、地基土质的好坏、地下水位的高低、土的冰冻深度以及新旧建筑物的相邻交接关系等。从经济和施工角度考虑,基础的埋深,在满足要求的前提下越浅越好,但是不能小于 0.5 m。因为地基受到建筑荷载作用后可能将四周土挤走,使基础失稳,或地面受到雨水冲刷及机械破坏而导致基础暴露,影响建筑物安全。天然地基上的基础,一般把埋深在 4 m 以内的叫浅基础。它的特点是构造简单、施工方便、造价低廉且不需要特殊施工设备。只有在表层土质极弱或总荷载较大或其他特殊情况下,才选用深基础。

 小贴士

> 假想用一个水平面沿房屋底层室内地面附近将整幢建筑物剖开后,移去上层的房屋和基础周围的泥土向下投影所得到的水平剖面图,称为基础平面图,简称基础图。基础图主要是表示建筑物在相对标高 ±0.000 以下基础结构的图纸。

# 学习单元 2　砌筑工程各部位构造知识

## 一、构件组成

一般建筑物都由许多部分组成，这些组成部分称为构件。一般民用建筑是由基础、墙和柱、楼层和地面、楼梯、屋顶、门窗等基础构件组成，如图 2-39 所示。

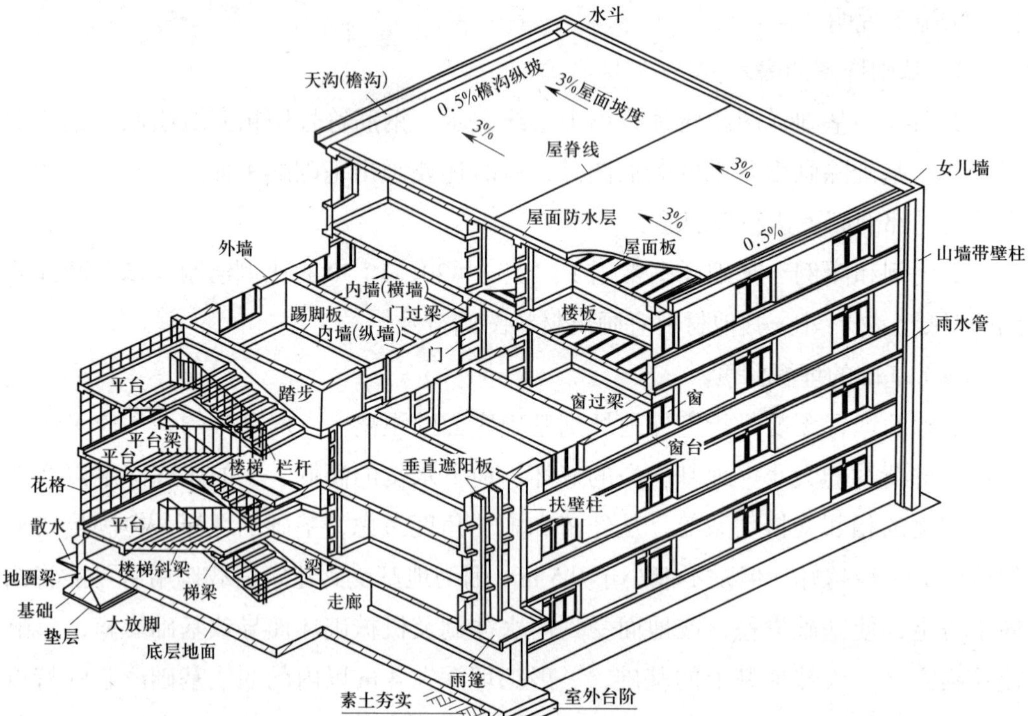

图 2-39　建筑物构件

## 二、构造基础

### 1. 基础的类型

基础按构造的形式分为条形基础（图 2-40）、独立基础（图 2-41）、筏形基础（图 2-42）、板式基础（图 2-43）、箱形基础（图 2-44）、桩基础（图 2-45）等。

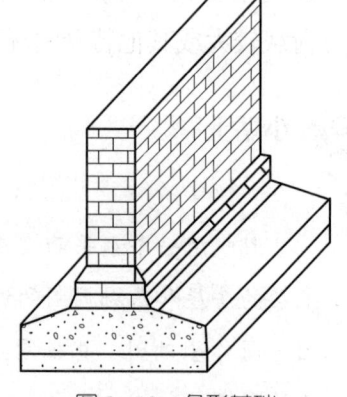

图 2-40　条形基础

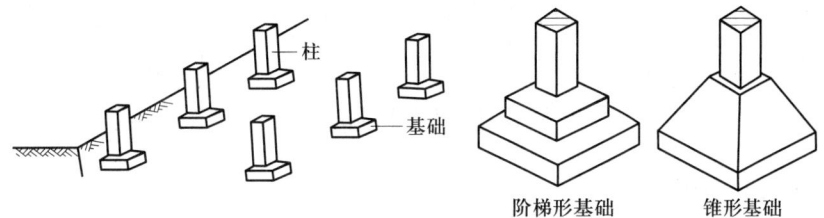

图 2-41 独立基础

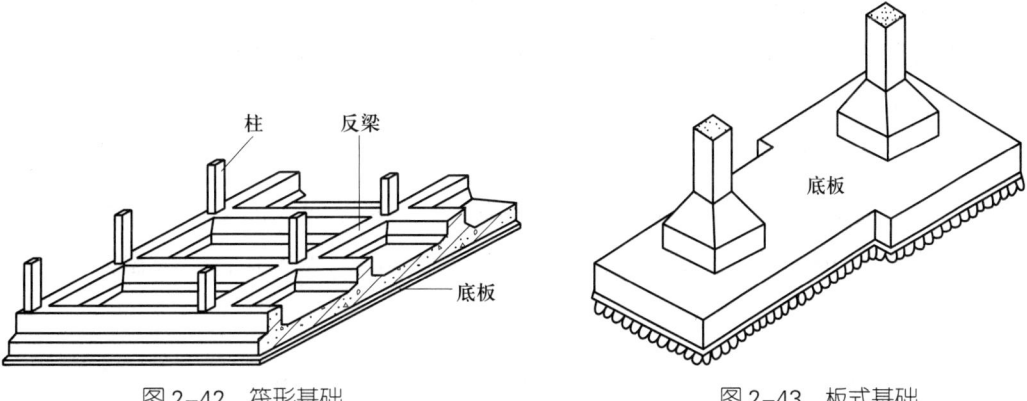

图 2-42 筏形基础

图 2-43 板式基础

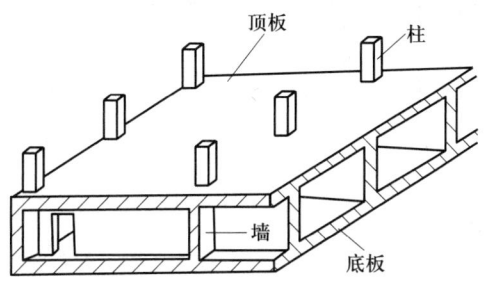

图 2-44 箱形基础

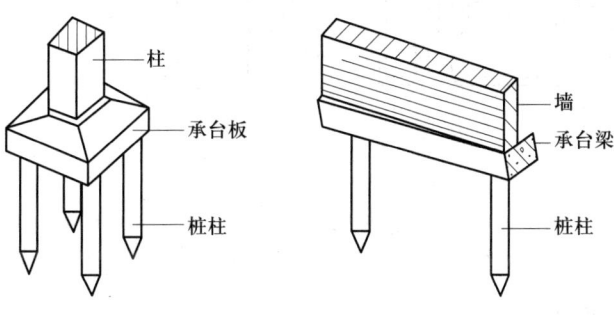

图 2-45 桩基础

## 2. 基础的埋深

基础的埋深是指从室外设计地坪至基础底面的垂直距离。基础的埋深对建筑物的坚固性、安全使用、耐久性、工程成本、工期、材料消耗影响较大，应根据荷载、地基情况、地下水位、相邻建筑物基础的埋深等因素确定。

## 三、墙体构造

### 1. 墙体的作用

墙体用来承受由屋顶、楼板、梁等构件传来的竖向荷载，以及风力、地震力等水平荷载。它包括承重内墙和承重外墙，承重外墙具有围护作用，承重内墙具有分隔作用。

### 2. 墙体的承重形式

墙体的承重形式分为横墙承重（图2-46a）、纵墙承重（图2-46b）、纵横墙混合承重（图2-46c、d）和墙与柱混合承重（图2-46e）等形式，应根据需求由设计确定。

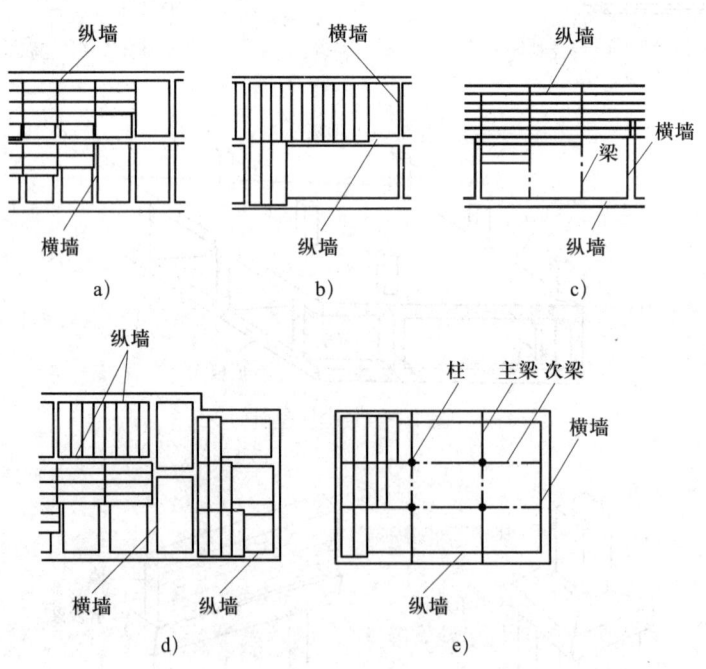

图 2-46 墙体的承重形式
a）横墙承重 b）纵墙承重 c）、d）纵、横墙混合承重 e）墙与柱混合承重

### 3. 墙体的细部构造

墙体的细部构造包括勒脚、窗台、过梁、钢筋混凝土圈梁和构造柱、变形缝、

挑檐（或女儿墙），以及烟道、通风道和垃圾道等构件。各构件所在位置如图 2-47 所示。

**4. 墙体的抗震措施**

常见砖砌房屋的墙体的抗震措施主要有圈梁和构造柱。圈梁是在墙身上设置的水平连续封闭梁，其作用是加强整个建筑物的整体性和刚度，抵抗房屋的不均匀沉降，提高建筑物的抗震能力。圈梁在砖墙上的位置，如图 2-48 所示。

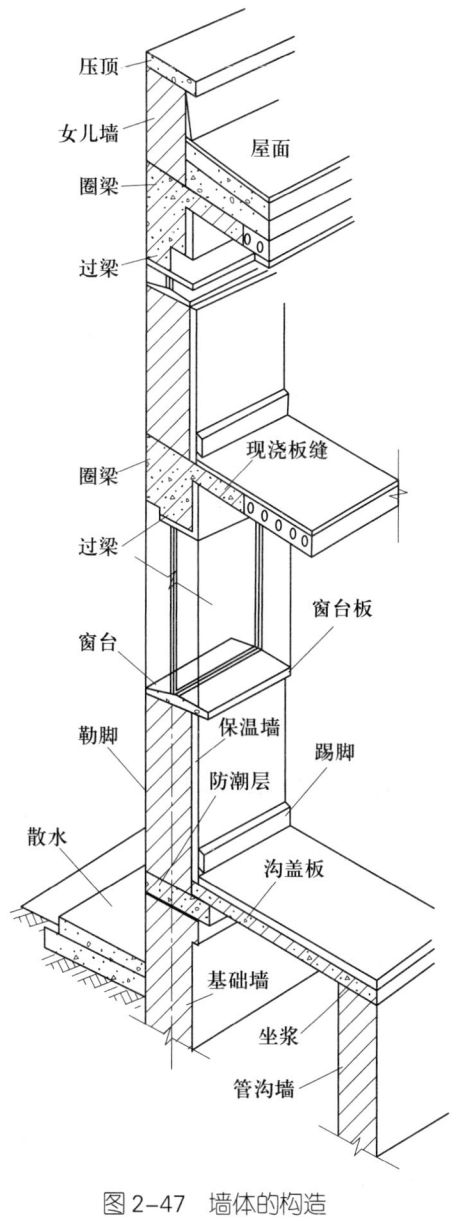

图 2-47 墙体的构造

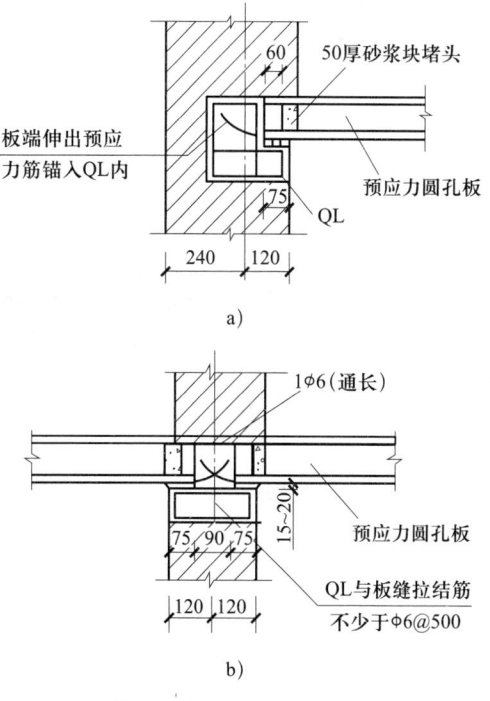

图 2-48 圈梁与楼板关系
a）外墙圈梁与楼板的关系 b）内墙圈梁与楼板的关系

圈梁是水平构件，构造柱是竖直构件，它们共同组成一个空间骨架，以此加强建筑物的整体性和刚度，提高建筑物的抗震能力，所以圈梁和构造柱是密不可分的一对构件。

为了使构造柱和墙身融为一体，砌墙时要砌成五进五退的马牙槎，进退60 mm，同时要沿墙高每隔500 mm（约八皮砖）设置2根直径6 mm的拉结钢筋，该拉结钢筋每边伸入墙内部得少于1 000 mm。构造柱无须做单独基础，但它必须牢固地锚入墙基础内，如图2-49所示。

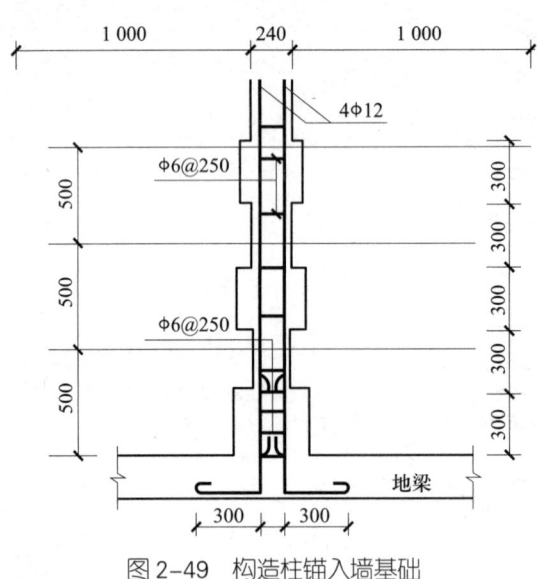

图2-49　构造柱锚入墙基础

# 学习单元3　砌筑工艺相关标准知识

## 一、砌砖工程

### 1. 砖基础砌筑

砖基础是建筑物下部重要的承重构件，它承担上部结构传来的荷载并将荷载传递给下面的地基，对建筑物的安全和使用寿命有重要影响，必须具备足够的强度和耐久性。因基础位于建筑物的底部且埋于地下，很难观察、维修、加固和更换，在施工过程中属于隐蔽工程，因此，在砌筑过程中要严把质量关，保证砌筑质量，严格按规范进行验收，确保基础的安全。

（1）砖基础的组砌形式

组砌形式是指砖在砌体中排列方式。组砌形式有以下五种。

1）一顺一丁。一顺一丁砌法（满顶满条），由一皮顺砖与一皮丁砖相互交替砌筑而成，上下皮间的坚缝相互错开1/4砖长。这种砌法各皮间错缝搭接牢靠，墙体整体性较好，操作中变化小，易于掌握，砌筑时墙面也容易控制平直，但竖缝不易对齐，在墙的转角、丁字接头、门窗洞口等处都要砍砖，砌筑效率受到一定限制。当砌240墙时，丁砖层的砖有两个面露出墙面（也称出面砖较多），故对砖的质量要求较高。这种砌法在砌筑中采用较多，它的墙面形式有顺砖层上下对齐（称十字缝）和顺砖层上下相错半砖（称骑马缝）两种。这种砌筑法调整错缝搭接时，可用"内七分头"或"外七分头"，但以"外七分头"较为常见。

2）三顺一丁。三顺一丁砌法由三皮顺砖与一皮顶砖相互交替叠砌而成。上下皮顺砖搭接为1/2砖长，同时要求檐墙与山墙的顶砖层不在同一皮以利于搭接，这种砌法出面砖较少，同时在墙的转角、丁字与十字接头、门窗洞口处砍砖较少，故可提高工效。但由于顺砖层较多反面墙面的平整度不易控制，当砖较湿或砂浆较稀时，顺砖层不易砌平且容易向外挤出，影响质量。该砌法的墙，抗压强度接近一顺一丁砌法，受拉受剪力学性能均较一顺一丁较强。此外，在头角处用"七分头"调整错缝搭接时，通常在顶砖层采用"内七分头"。

3）梅花丁（沙包式）。梅花丁是指在同一皮砖上由一块丁砖与两块顺转相互组砌而成，上皮丁砖坐中于下皮顺砖，上下皮间竖缝错开1/4砖长，这种砌法，由于内外竖缝每皮都能错开，故整体性较好，灰缝整齐，比较美观，但砌筑效率较低，宜用于砌筑清水墙，或当砖规格不一致时，采用这种砌法较好。梅花丁砌法只适用于墙身厚度为240（一砖墙）。

4）全丁。全丁砌法就是整个墙体看到的所采用都是丁砖的砌法。此砌法适用于砌筑圆弧型的墙体，不适合砌筑水平方向直线墙体，影响墙体的抗拉、抗压强度。

5）全顺。全顺砌法就是整个墙体从上到下都是以顺砖为面的砌筑，不作为承重墙砌筑。适合房间内砌筑小隔墙等。上下皮错缝为砖长1/2，墙身厚度为120 mm。

砖基础是由垫层、大放脚和基础墙构成。大放脚的作用是增大地基和基础的承压面。其台阶形状有等高式和间隔式两种，一般采用的组砌形式是一顺一丁，最下皮和最上皮以丁砖为主。等高式：每两皮一收，每边收进1/4砖长。间隔式：两皮一收与一皮一收相间隔，每边收进1/4砖长，在保证刚性角的前提下，减少用砖量。

砌筑时必须内外咬槎或留踏步槎，上下错缝。由低处往高处搭接砌筑。

（2）砖基础放样

设置龙门板或龙门桩，标出建筑物的主要轴线，标出基础及墙身轴线的标高，并弹出基础轴线。在基槽四角各相对龙门板的轴线标钉上拴上白线挂紧，沿白线挂线锤，找出白线在垫层面上的投影线，把各投影点连接起来。然后按基础图所示尺寸，量测各道基础底部大脚的边线。

（3）砖基础摆砖撂底

砖砌体基础砌筑施工工艺：准备工作→定位抄平放线→确定组砌方式→排砖撂底→立皮数杆→砌筑→抹防潮层。

1）排砖撂底。排砖就是按照基底尺寸线和已定的组砌方式，不用砂浆，把砖在基底的一段长度上干摆一层，排时考虑竖缝的宽度，要求山墙排成丁砖，檐墙排成顺砖，即"山丁檐跑"。因为设计尺寸是以100 mm为模数，砖是以125 mm为模数，两者是有矛盾的，这个矛盾要通过排砖来解决。在排砖中要把转角、墙垛、洞口、交接处等不同部位排得既合乎砖模数又合乎设计的模数，要求接槎合理，操作方便。排砖是通过调整竖缝大小解决设计模数和砖模数的矛盾的过程。

排砖结束后，用砂浆把干摆的砖砌起来，就叫撂底。对撂底的要求：一是不能改变已排好的砖的平面位置，要一铲灰一块砖的砌筑好；二是必须严格与皮数杆标准砖平。偏差过大的应在准备阶段处理完毕，但10 mm左右用皮数杆控制高度的偏差要靠调整砂浆灰缝厚度来解决。所以，必须先在大角按皮数杆砌好，拉好拉紧准线，才能使撂底工作全面展开。

2）立皮数杆。皮数杆的作用是控制每皮砖与砖之间和水平灰缝的厚度，并标注每皮高的皮数。皮数杆上还应标注预埋件和门窗洞口预留的位置高度。

皮数杆应在转角处均设立。当墙体较为长时，皮数杆的间距为15~20 m设立。基础皮数杆上应标明大放脚的皮数、退台、基础的底标高、顶标高以及防潮层的位置等。

（4）砖基础盘角收退

1）盘角。盘角即在房屋的转角、大角处砌好墙角。每次盘角高度不得超过五皮砖，并用线锤检查垂直度，同时要检查其与皮数杆的相符情况。砌筑房屋大角处的砖基础大放脚，在盘角时要严格按照每皮砖的组砌形式进行大角的砌筑，特别要注意七分头的正确使用，砍砖时要用力均匀，保证七分头的尺寸准确，边角整齐。一砖墙身六皮三收等高式大放脚砖基础，每个台阶共两皮砖，在砌筑中应先对台阶两端进行盘脚，然后再挂线砌筑中间。砌筑大放脚时要求双面均挂线，即里外墙都要挂线，以保证墙的平整度和水平灰缝的平直度。

2）收台阶。基础大放脚必须要收台阶，每次收台阶需用卷尺量准尺寸，每级台阶每边向里收 60 mm，先用卷尺量出台阶边界，再进行盘角。中间部分的砌筑应以大角处准线为依据，不能目测或用砖块比量，以免出现偏差。收台阶结束后、砌基础墙前，要利用龙门板拉线检查墙身中心线并用红铅笔将"中"画在基础墙侧面，以便随时检查复核。

3）一砖墙身六皮三收等高式大放脚。这种大放脚即每两皮砖每边收进 60 mm，收三次，形成三个台阶。

4）一砖墙身六皮四收大放脚。它属于间隔式大放脚，即两皮砖一收与一皮砖一收相隔砌筑；每个台阶为 1/4 砖长，即 60 mm，共四个台阶。

5）砌筑要求。基础宜采用"三一"砌筑法。如果采用铺浆法砌筑，铺浆长度一般在 1 m 以内，竖向灰缝宜采用挤浆或加浆方法使其饱满，每皮砌筑完后要灌浆（也称刮斗）；基础大放脚应错缝，利用碎砖和断砖填心时，应分散填放在受力较小的、不重要的部位；基础分段砌筑必须留踏步槎，分段砌筑的高度相差不得超过 1.2 m；预留孔洞应留置准确，不得事后开凿；基础灰缝必须密实，以防止地下水的浸入。

6）抹防潮层。基础防潮层应在基础墙全部砌到设计标高后才能施工，最好能在室内回填土完成后进行，如果基础墙顶部有钢筋混凝土圈梁，则可代替防潮层。如果没有地圈梁，则必须做防潮层。防潮层应作为一道工序来完成，不允许在砌墙砂浆中添加一些防水剂进行砌筑来代替防潮层。其所用砂浆一般采用 1∶2 水泥砂浆加入水泥质量 3% ~ 5% 的防水剂搅拌而成。如使用防水粉，应先把粉剂加水搅拌成均匀的稠浆后添加到砂浆中。抹防潮层时，应先在基础墙顶的侧面抄出水平标高线，然后用直尺夹在基础墙两侧，尺面按水平线找准，然后摊铺砂浆，待初凝后再用木抹子收压一遍，做到平、实，表面为毛面。

7）特殊情况。基础如深浅不一，有错台或踏步等，应从深处砌起。如有抗震缝、沉降缝时，缝的两侧应按弹线要求分开砌筑。缝内落入的砂浆要随时清理干净，保证缝道畅通。基础分段砌筑必须留踏步槎，分段砌筑的高度相差不得超过 1.2 m。基础大放脚应错缝，利用碎砖和断砖填心时，应分散填放在受力较小的、不重要的部位。基础缝必须密实，以防地下水的浸入。各层砖与皮数杆要保持一致，偏差不得大于 10 mm。各沟和预留孔洞的过梁，其标高、型号必须安放正确、坐浆饱满，如坐灰厚度超过 20 mm，应用细石混凝土铺垫。

**2. 砖墙砌筑**

（1）砖墙的组砌方式

砖墙的组砌方式是指砖块在砌体中的排列方式。为了保证墙体的强度和稳定性，在砌筑时应遵循错缝搭接的原则，即在墙体上下皮砖的垂直砌缝有规律的错开。砖在墙体中的放置方式有顺式（砖的长方向平行于墙面砌筑）和丁式（砖的长方向垂直于墙面砌筑）。常见的砖墙的组砌方式有：一顺一丁式、多顺一丁式、梅花定式（十字式）、全顺式（120墙砌法）、两平一侧式（180墙砌法）、370墙砌法。

1）一顺一丁式。一顺一丁式又称满丁满条式，是指一皮砖按顺一皮砖按丁的方式交替砌筑。这种砌法最为常见，对工人的技术要求也较低。240墙中最常见的一种砌筑：砖的长度（235 mm）面为顺，窄（宽）的宽度面（115 mm）面为丁。

对于一顺一丁有两种理解：一是在同一层中，顺与丁交错的砌筑；二是一层顺，一层丁，以每层来交错。

特点：搭接好、无通缝、整体性强，但墙体交接处砍砖较多。

2）多顺一丁式。这种砌法通常有三顺一丁和五顺一丁之分，其做法是每隔三皮顺砖或五皮顺砖加砌一皮丁砖相间叠砌而成。多顺一丁的缺点是在施工处理上存在通缝。

特点：砌筑简便，砍砖较少，但强度比一顺一丁式要低，缺点是存在通缝。

3）梅花丁式（十字式）。梅花丁式也称顺丁相间式，每一层砖都有顺有丁，上下层又顺丁交错。梅花丁每层中丁砖和顺砖相隔，上层丁砖坐中于下层顺砖，上下层间竖缝相互错开约 1/4 砖长。这种装饰效果内外竖缝每层上下都能错开，故整体性较好，勾缝整齐，非常美观，但传统的施工技法效率较低，砖缝对接难度大。

特点：砌筑较难，墙体整体性较好，勾缝整齐，外形美观，常用于清水砖墙。

4）全顺式（120墙砌法）。全顺式也称条砌法，这种砌法每皮均为顺砖组砌。上下皮左右搭接为半砖，它仅适用于半砖厚墙体。砖的错缝为 1/2 砖长。适用于模数型多孔砖的砌合。

特点：仅适用于半砖厚墙体、比较单一。

5）两平一侧式（180墙砌法）。两平一侧砌砖法，又称180墙砌法，是指由两皮顺砖和一皮侧砖相隔砌成。平砖均为顺砖，上下皮顺砖间错缝 1/2 砖长，上下皮平砌顺砖和侧砌的顺砖间竖缝应相互错开 1/2 砖长。

特点：这种砌筑方式适合 3/4 砖墙。

6）370 墙砌法。370 墙砌筑法是指在同一皮砖层里三块顺砖一块丁砖交替砌成。上下皮叠砌时上皮丁砖应砌在下皮第二块顺砖中间，上下两皮砖的搭接长度为 1/4 砖长。

（2）排砖、摆底

排砖、摆底是在决定排砖法后，沿墙的长度方向，从一个大角到另一个大角摆放卧砖。

1）排砖、摆底的目的。排砖、摆底的目的是核对已弹的墨线（轴线、边线、门窗洞口位置线）在门、窗口是否赶上不打砖，保证墙面错缝合理，施工时尽量少砍砖，提高砌筑质量。

2）排砖、摆底的原则。组砌方式决定后，自下而上砌法不变。

门、窗洞口和转角与墙垛处的错缝压砖应符合规定，砖缝大小适中；如果在门窗洞口的错缝压砖不能满足规定时，可以通过调整灰缝宽度来达到少破活；如果砖缝或垛角调整有困难时，允许门窗洞口移位，但不得超过 60 mm 范围。

主体第一皮排砖，山墙应排丁砖，前后檐墙应排跑砖，俗称"山丁檐跑"。砖墙的转角处和门、窗口膀处顶头砌法，顺砌层到头接七分头砖，丁砖层到头丁砖到丁砖，目的是错开砖缝，避免出现通缝。

当顺砖层出现 1/2 砖长时，在墙身中加一丁砖；当顺砖层出现 1/4 砖长时，在墙身中加一丁砖和七分头砖，并层层如此，不准移位。门、窗洞口两膀应对称砌筑，不得出现"阴阳膀"。

（3）盘角挂线

盘角挂线是指在砌墙过程中必须从墙的两端先砌的墙角引一根标准线，然后再依照挂好的标准线砌筑墙的中段。

1）立皮数杆。盘角挂线前，应先在墙的四个大角和转角处，以及内墙尽端和楼梯间处立皮数杆。墙段内两根皮数杆之间的距离不应超过 15 m。采用外脚手架时，皮数杆一般立在墙里侧；采用里脚手架时，皮数杆立在墙外侧。皮数杆是瓦工砌墙时竖向尺寸的标志，用 5 cm × 7 cm 的方木做成，长度应略高于一个楼层的高度。它表示墙体砖的层数（包括灰缝厚度）和建筑物各种门窗洞口的标高，预埋件、构件、圈梁及楼板底的标高。皮数杆的画法是根据任取 10 块砖样总厚度的平均值作为砖层厚度的依据,再加灰缝厚度,即可画出砖灰层的皮数。常温施工用 10 mm 灰缝,冬期施工用 8 mm 灰缝。如果楼层高度与砖层皮数不相吻合时,可以用灰缝厚薄调整,使其符合标高和整砖层。基础部分皮数杆是由 ±0.000 m 标高往下画,到垫层顶面为止;基础以上部分由 ±0.000 m 标高往上画,楼房到二层楼地面上,平房到前后檐口为止。皮数杆均立于同一标高上,并要抄平检查皮数杆的 ±0.000 m 与抄平柱上的 ±0.000 m 是否重合。底层立皮数杆的方法:在立杆处打一木桩,在木桩上测出 ±0.000 m 标高位置,然后把皮数杆上的 ±0.000 m 线与其对齐,用钉子钉牢。

2)盘角。盘角又称立头角、把大角、升砖等。盘角时,除要选择平直、方整的砖外,还应该用七分头砖搭接、错缝砌筑,从而保证墙角竖缝错开。

盘角时,应随砌随盘,每盘一次角不要超过 5 皮砖,而且一定要随时吊靠,即用线锤和靠尺板对其校正,如遇偏差及时修正,保证砖角在一条直线上,并上下垂直。还应认真按皮数杆对照检查砖层和标高,做到水平灰缝均匀一致。

3)挂线。挂线又称甩麻线、挂准线。砌筑墙体两盘角之间部分时,主要依靠挂线来保证砌筑质量,防止出现凹凸现象。一般墙厚 370 mm 以下的墙宜采用单面挂线,墙厚 370 mm 及以上的墙宜采用双面挂线。

挂准线时,两端必须拴砖块坠重拉紧,并在离墙角 20 mm 处别上用细铁丝做成的挂线别子,防止线陷入灰缝中。还有一种挂线方法,俗称拴立线,一般砌间隔墙时用。拴立线前应检查留槎是否垂直,如果不垂直应根据留槎情况调整立线使其垂直,将此立线两端拴紧在钉入纵墙水平灰缝的钉子上。根据拴好的垂直立线拉水平线,水平线的两端要由立线的里侧往外拴,两端的水平线要与砖缝一致,不得错层造成偏差。

砌墙时,要经常用眼睛穿看准线有没有拱线或塌腰的地方(中间下垂)。拱线处要把高出的障碍去除;塌线的地方,每隔 4~5 m 用"腰线砖"(在塌腰的地方垫一块砖)或别棍将线固定在同一水平面上,俗称挑线或咬线。

(4)砌墙操作工艺和要求

砌筑砖墙的操作工艺因地而异。当前常用的有:三一砌砖法、坐灰砌砖法、铺灰挤砖法、满刀灰刮浆法和二三八一砌砖法等。

砌筑过程中必须注意做到上跟线、下跟棱、左右相邻要对平。上跟线,是指砖的上棱必须紧跟准线,一般情况下,上棱与准线相距 1 mm,因为准线略高于砖棱,能保证准线水平颤动,出现拱线时容易发觉,从而保证砌筑质量。下跟棱,是指砖的下棱必须与下层砖的上棱平齐，保证砖墙的立面垂直平整。左右相邻要对平，是指前后、左右的位置要准确，砖面要平整。

砖墙砌到一步架高时，要用靠尺全面检查一下垂直度、平整度，因为它是保证墙面垂直、平整的关键之所在。在砌筑过程中，一般应是三层一吊，五层一靠，即砌三皮砖用线坠吊一吊墙角的垂直情况，砌五皮砖用靠尺靠一靠墙面的平整情况。同时，要注意隔层的砖缝要对直，相邻的上下层砖缝要错开，防止出现"游丁走缝"。

砖墙每天砌筑高度一般不得超过1.8 m，雨天不得超过1.2 m。

砖墙在砌筑时要达到以下三点。

1）横平竖直。为了保证墙体的稳定牢固，要求每一皮砖的灰缝横平竖直；如果灰缝不水平的话，在垂直荷载作用下就会产生滑动、而减弱墙体的强度。

2）竖缝交错。上下两皮砖的竖缝应当错开，同皮砖内外搭接，避免砌成通天缝；如果墙体竖缝上下贯通很多，在荷载作用下，容易沿着通缝裂开，使整个墙体丧失稳定而倒塌。

3）灰浆饱满，厚薄均匀。水平灰缝的砂浆饱满度不得小于80%；竖缝宜采用挤浆或加浆方法，不得出现透明缝，瞎缝和假缝，严禁用水冲浆灌缝；有特殊要求的砌体，灰缝的砂浆饱满度应符合设计要求；如果砂浆不饱满，在荷载作用下，砖就会断裂。

砖墙的水平灰缝厚度和竖向灰缝宽度宜为10 mm，但不应小于8 mm，也不应大于12 mm。

（5）砌筑留槎

砖墙在砌筑过程中，由于人员、技术、机械等多种因素，使同层所有墙体不能同时砌筑，需要留槎。例如，同一楼层内因砌墙和安装楼板要进行流水施工，就会出现分段砌筑的实际问题。又如，一幢建筑有高低层时，为减少因地基沉降不均匀引起相邻墙体的变形和裂缝，也要将墙体分段，先砌高层部分，后砌低层部分。这样先后砌筑的两部分就有一个接槎。

1）砖砌体工程工作段的分段位置，宜设在伸缩缝、沉降缝、防震缝、构造柱或门窗。

2）洞口处，相邻工作段的砌筑高度差，不得超过一个楼层的高度，也不宜大于4 m。

3）砖砌体临时间断处的高度差，不得超过一步脚手架的高度。

4）砖砌体的转角处和交接处应同时砌筑，严禁无可靠内外墙分砌施工。在抗震设防烈度为 8 度及以上地区，对不能同时砌筑而又必须留置的临时间断处应砌成斜槎，普通砖体的斜槎长度不应小于高度的 2/3。

5）多孔砖砌体根据砖规格尺寸，留置斜槎的长高比一般为 1∶2。

6）为减少接槎的工作量，适当地改变组砌方式，缩短斜槎长度，可以采用 18 层退槎法，即每层砖退 60 mm，一步架斜槎摺底（放线）长度 870 ~ 1 000 mm（三砖半至四砖长）。

7）非抗震设防及抗震设防烈度为 6 度、7 度地区的临时间断处，当不能留斜槎时，除转角处外，可留直槎，但直槎必须做成凸槎，且应加设拉结钢筋。

8）隔墙与墙或柱不能同时砌筑而又不留成斜槎时，可于墙或柱中引出凸槎。非抗震设防区，除留凸槎外，灰缝中还应预埋拉结钢筋，其构造与上述直槎相同，且每道墙不少于两根。

9）砖砌体接槎时，必须将接槎处的表面清理干净，浇水湿润，并应填实砂浆，保持灰缝平直。

### 3. 砖柱砌筑

（1）独立砖柱

独立砖柱大多用来支承上部楼盖系统传来的集中荷载。如果砖柱承受的荷载较大时，可在水平灰缝中配置钢筋网片，或采用配筋组合砌体，在柱顶端做混凝土块，使集中荷载均匀地传递到砖柱断面上。

1）砖柱的断面形式。独立砖柱，按是否抹面分为清水砖柱和混水砖柱。按断面形式分为方形柱、矩形柱、圆形柱、六角形柱、八角形柱。方形柱或矩形柱的断面最小尺寸一般为 240 mm × 365 mm。

2）砖柱的砌法。砖柱应采用烧结普通砖与水泥砂浆（或水泥混合砂浆）砌筑，砖的强度等级不低于 MU10，砂浆强度等级不低于 M5。

砖柱分皮砌法视柱断面尺寸而定，应使柱面上下皮砖的竖向灰缝相互错开 1/4 砖长，在柱心无通天缝（不可避免除外），少打砖。严禁采用包心砌法，即先砌四周后填心的砌法。

独立砖柱砌筑时，可立固定皮数杆。当几个砖柱在一条直线上时，可先砌两端砖柱再拉准线，依准线砌中间部分砖柱，并用流动皮数杆检查各砖柱的高低。当基础顶面高低不平时要找平，高差小于 30 mm 时，用 1∶3 水泥砂浆找平，高差大于 30 mm 时，用细石混凝土找平，保证每根柱的第一皮砖在同一标高上。

砖柱的水平灰缝厚度和竖向灰缝宽度宜为 10 mm，但不应小于 8 mm，也不应大于 12 mm。灰缝中砂浆应饱满，水平灰缝的砂浆饱满度不得小于 80%，竖缝宜采用加浆法，不得出现透明缝、瞎缝和假缝。

砖柱砌筑时要经常用线锤吊角，用靠尺和塞尺检查垂直度、平整度。清水砖柱表面平整度偏差不大于 5 mm，混水砖柱的表面平整度偏差不大于 8 mm。

砌砖柱的脚手架，要围着柱子四周架空搭设牢靠，不许把架子靠在柱子上，更不允在柱身上留置脚手眼。

当砖柱与非承重隔墙交接时，应在柱子上预留拉结钢筋。禁止在砖柱内留母槎。多层砖柱结构，在砌上一层砖柱前，应核对其位置是否与二层柱重合，一定要防止落空砌筑。清水砖柱组砌时，要注意两边对称，防止砌成阴阳柱。同一轴线上有多根清水砖柱组砌时，应注意相邻柱的外观对称一致。砌完一步架后，要刮缝，清扫柱面，以备勾缝。

3）砖圆柱及多角形柱的砌法。

①定位。根据设计图纸上各砖柱的位置，从标志板或其他标志上引出柱子的定位轴线，并按柱的断面形式和尺寸弹出外轮廓线。

②摆砖。为了使砖柱上下错缝、内外搭接合理，不出现包心现象，又要少破活，少砍砖，减轻劳动强度，达到外形美观的目的，应按弹线尺寸，多试摆几种组砌形式，选择较为合理的一种组砌方法。

③加工砖块。根据柱截面形式和组砌方式制作木套板。圆柱制作弧形砖的木套板，多角形柱制作切角砖的木套板。砌筑前，按木套板加工所需的各种弧面的弧形砖或各种角的切角砖。

④砌筑。砌筑圆形砖柱前，应制作出同直径的外圆套板，以备随时检查砌筑圆弧的质量。外圆套板可以做成柱周的 1/4 弧和 1/2 弧两种。应在砌筑一皮圆柱后，用套板沿柱圆周检查一次弧面的弯曲程度，每砌 3～5 皮砖，要用靠尺板在不少于 4 个固定检查点进行垂直度检查。

砌筑多角形柱时，当砌筑 3～5 皮砖后，要用线锤检查每个角的垂直度，保证棱角直上直下，还要用靠尺板检查柱的每个侧面，发现问题及时纠正。砌筑门厅、雨篷两侧面的清水柱，排砖要对称，加工出的异型砖也要对称，即砖的弧度与角度按套板对称加工。加工后侧面须磨刨平整，并编号，分类堆放，以编号砌筑。

（2）壁柱

壁柱又称砖垛、附墙垛。壁柱与墙体连在一起，共同支承屋架或大梁，同时增加墙体的强度和稳定性。

1）壁柱的截面尺寸。壁柱以凸出墙面的截面尺寸来描述，如凸出 120 mm、宽 240 mm，凸出 240 mm、宽 240 mm，凸出 360 mm、宽 360 mm 等。

2）壁柱的砌法。壁柱宜采用烧结普通砖与水泥砂浆（或水泥混合砂浆）砌筑。砖的强度等级不低于 MU10，砂浆强度等级不低于 M5。

壁柱的砌筑方法，应根据不同墙厚及壁柱大小而定。无论哪种砌法都应使墙与壁柱逐皮搭接咬合，搭接长度至少 1/4 砖长，并根据错缝的需要，采用"七分头"砖进行组砌。墙与壁柱必须同时砌筑，不得留槎。同一道墙上多个壁柱应拉通线控制壁柱的外侧尺寸，并保持在同一直线上。

## 二、砌石工程

### 1. 毛石基础砌筑

（1）毛石基础的形式

毛石基础按其剖面形式有矩形、阶梯形和梯形三种。一般情况下，阶梯形剖面是每砌 300～500 mm 高后收退一个台阶，收退几次后，达到基础顶面宽度为止。梯形剖面是上窄下宽，由下往上逐步收小尺寸。矩形剖面为满槽装毛石，上下一样宽。毛石基础的标高一般砌到室内地坪以下 50 mm，基础顶面宽度不应小于 400 mm。

（2）施工准备

1）工具准备。砌筑毛石所用工具除需要配备一般瓦工常用的工具外，还需准备大锤、手锤、小撬棍和勾缝抿子等。

2）备料。根据设计要求选备石料和应使用的砌筑砂浆。所用的毛石应质地坚实，无风化剥落和裂纹，毛石中部厚度不宜大于 150 mm，毛石强度等级不低于 MU20。砌筑砂浆宜用水泥砂浆或水泥混合砂浆，砂浆强度等级应不低于 M5。

3）清槽。检查基槽尺寸、垫层的厚度和标高；清除基槽内的杂物；基槽内若存有积水应抽干，如无积水且较干燥时要洒水湿润；确定下料口，以便传送石料和砂浆。

4）挂线。毛石基础砌筑前，要根据标志板上的基础轴线来确定基础边线的位置，具体做法是从标志板向下拉出两条垂直线，再从相对的两条垂直立线上拉出通槽水平线。若为阶梯式毛石基础，其挂线方法是：先按最下面一个台阶的宽度拉通槽水平线，然后按图纸要求的台阶高度，砌到设计标高后适当找平，再将垂直立线收到第二个台阶要求的砌筑宽度，依次收砌至基础顶部止。

(3)施工方法

1)砌筑第一皮石块。第一皮石块砌筑时,应先挑选比较方整的较大的石块放在基础的四角(称其为角石),角石砌好后,房屋的位置也就固定下来了,所以角石也称定位石。角石要三面方正,大小相差不多。如不合适应加工修备。以角石作为基准,将水平线拉到角石上,按线砌筑内、外皮石(又称面石),再填中间石块(又称腹石)。第一皮石块应坐浆,即先在基槽垫层上摊铺砂浆,再将石块大面向下砌上,并且要挤紧、稳实。砌完内、外皮面石,填充腹石后,即可灌浆。灌浆时,大的石缝中先填 1/3 ~ 1/2 的砂浆。再用碎石块嵌实,并用手锤轻轻敲实。不准先用小石块塞缝后灌浆,否则容易造成干缝和空洞,从而影响砌体质量。

2)砌筑第二皮石块。第二皮石块砌筑前,选好石块进行错缝试摆,试摆应确保上下错缝,内外搭接;试摆合格即可摊铺砂浆砌筑石块。砂浆铺面积约为所有石块面积的一半,位置应在要砌石块下的中间部位,砂浆厚度控制在 40 ~ 50 mm,注意距外边 30 ~ 40 mm 内不铺砂浆。砂浆铺好后将试摆的石块砌上,石块将砂浆挤压成 20 ~ 30 mm 的灰缝厚度,达到石块底面全部铺满灰。石块间的立缝可采用石块侧面打碰头灰的办法,也可以直接灌浆塞缝。砌好的石块用手锤轻轻敲实,使之达到稳定状态。敲实过程中若发现有的石块不稳,可在石块的外侧加垫小石片使其稳固。切记石片不准垫在内侧,以免在荷载作用下,石块发生向外倾斜、滑移,影响砌体的质量。

毛石基础的扩大部分,如做成阶梯形,上级阶梯的石块应至少压砌下级阶梯的 1/2,相邻阶梯的毛石应相互错缝搭接。

3)砌筑拉结石。毛石基础同皮内每隔 2 m 左右应砌一块横贯墙身的拉结石(又称顶石或满墙石),上下层拉结石要相互错开位置,在立面的拉结石应呈梅花状。拉结石长度:基础宽度等于或小于 400 mm 时,拉结石长度与基础宽度相等;基础宽度大于 400 mm 时,可用两块拉结石内外搭接,搭接长度不小于 150 mm,且其中一块长度不小于基础宽度的 2/3。

4)预留孔洞。毛石基础墙中如有孔洞时,应预先留出来,不准砌后再凿洞;沉降缝应分段砌筑,缝边的石块应选用比较平整的,且不准相互凸出将缝挤满。

5)基础顶面。毛石基础顶面(最上一皮),应选用较大块的毛石砌筑,并使其顶面基本平整。

6)勾缝。毛石基础砌完后,要用抿子将灰缝用砂浆勾塞密实,经验收合格后才准回填土。

7）砌筑高度控制。毛石基础每日砌筑高度不应超过 1.2 m。

## 2. 毛石墙砌筑

（1）施工准备

1）工具准备。毛石墙砌筑所用工具除需一般瓦工常用的工具外，还要准备大锤、手锤、小撬棍和勾缝抿子等。

2）备料。毛石墙所用毛石应质地坚实，无风化剥落和裂纹，用于清水墙表面的毛石应色泽均匀。毛石应呈块状，中部厚度不宜大于 150 mm。砌筑砂浆宜用水泥砂浆或水泥混合砂浆，砂浆强度等级应不低于 M2.5。

砌筑前要选石、做石。选石是从石料中选取在应砌的位置上大小适宜的石块，并有个面作为墙面。做石是将凸部或不需要的部分用手锤打掉，做出一个面，然后砌入墙中。

3）挂线。毛石墙砌筑前，应清理基础顶面。在基础顶面上弹出墙体中心线及边线；在墙体两侧立起皮数杆，在两皮数杆之间拉准线，依准线进行砌筑。

（2）施工方法

1）毛石墙体砌筑。毛石墙体采用铺浆挤砌法，依挂线分皮卧砌。砌筑时，要掌握"搭、压、拉、槎、垫"的操作要点。搭：砌清水石墙或混水石墙，都必须双面挂线。里外搭脚手架，两面有人同时操作。砌筑时，一般多采用"穿袖砌筑法"，即外皮砌一块长块石，里皮应砌一块短块石；下层砌的是短块石，上层应砌长块石，以便确保毛石墙的里外皮和上下层石块都互相错缝搭接，成为一个整体。压：砌好的毛石墙要能够承受上层墙的压力，砌筑时必须做到"下口清，上口平"。下口清是指上墙的石块需加工出整齐的边棱，砌完后保证外口灰缝均匀，内口灰缝严密。上口平是指所留槎口里外要平，以便砌筑上层毛石。拉：砌筑拉结石，通过砌筑拉结石将里外皮的毛石拉结成整体，具体砌筑与毛石基础砌筑拉结石相同。槎：砌筑时留槎，即要给上层毛石砌筑留出适宜的槎口。槎口应保证对接平整，上下层毛石严密咬槎，既达到墙面组砌缝隙美观，又提高砌体的强度。留槎时不准出现重缝、三角缝和硬蹬槎。垫：砌筑时，加小石片垫是确保毛石墙稳定的重要措施之一。垫石片时，一定要垫在毛石的外口处，并且要使石片上下粘满灰浆，不准干垫。

毛石墙体砌筑的具体操作方法：先试摆毛石，石块要大小搭配，大面平放，外露面平齐，斜口朝内，逐块坐浆卧砌，内外搭接。不准外面侧砌立石，中间填石砌筑。一般 0.7 m 墙面至少设一块拉结石，且同皮内的中距不大于 2 m；拉结石应均匀分布,相互错开。毛石墙砌体灰缝砂浆必须饱满,灰缝宽度控制在 20～30 mm,大的石缝应先填砂浆后塞石片或碎石块嵌实。砌筑高度每达到 1.2 m 时,要进行找平。

2)转角处与交接处砌筑。毛石墙转角处和交接处应同时砌筑,毛石墙与砖墙相接处和交接处也要同时砌筑。在转角处,应自纵墙或横墙每隔 4～6 皮砖的高度引出不小于 120 mm 与横墙或纵墙相接,在交接处,应自纵墙每隔 4～6 皮砖高度引出不小于 120 mm 与横墙相接。

3)组合墙砌筑。砌筑毛石和黏土实心砖组合墙时,毛石与砖应同时砌筑,并且每隔 4～6 皮砖用 2～3 皮丁砖与毛石墙拉结砌合,两种墙体间的空隙应用水泥砂浆填满密实。

4)毛石挡土墙砌筑。砌筑毛石挡土墙所用毛石的中部厚度不宜小于 200 mm。砌筑时,每砌 3～4 皮为一个分层高度,毛石墙每个分层高度应找平一次,外露面的灰缝厚度不得大于 40 mm,两个分层高度间的错缝不得小于 80 mm。

砖墙砌筑挡土墙,应按照设计要求收坡或收台,设置伸缩缝和泄水孔,但干砌挡土墙可不设泄水孔。如设计无明确规定,泄水孔施工应符合下列规定。

泄水孔应均匀设置,在每米高度上间隔 2 m 左右设置一个泄水孔。泄水孔宜采用抽管方法留置。泄水孔周围的杂物应清理干净,并在泄水孔与土体间铺设长宽各为 300 mm、厚 200 mm 的卵石或碎石作为疏水层。

挡土墙内侧回填土必须分层夯填,分层松土厚度应为 300 mm。墙顶上面应有适当坡度使水流向挡土墙外侧面。

5)勾缝。毛石墙体砌完应进行勾缝。毛石墙缝可勾成平缝、凸缝和凹缝。平缝:勾缝前,先将墙面和石缝清除干净,去掉残留砂浆,有的缝隙还需剔深 10 mm 左右,普遍浇水湿润冲去浮屑;然后用勾缝抹子将 1∶2 的水泥砂浆嵌入灰缝中 1/3 嵌塞密实,缝面与石面取平,所有石槎都应勾入缝内;最后抹光缝面,并修理缝边毛茬保证墙面光净。凸缝又称带子缝。先勾好平缝,待水泥砂浆完成初凝层后,再顺着灰缝抹出凸出墙面的带子,带子的厚度约 10 mm,宽度 20～30 mm,带子表面要轻压并抹光;待水泥砂浆接近终凝时,再用抿子尖将缝边修齐,进行洒水养护,防止干裂和脱落。凹缝又称阴缝。先用小铁钎将石缝剔凿干净、整齐,使深度达到 30 mm 左右,再用水湿润冲去浮屑,然后用抿子将 1∶2 水泥砂浆勾入石缝内,勾好的缝应凹入墙面 10～20 mm,并将缝道抹压光滑。

6)砌筑高度控制。毛石墙砌筑时,每层高度应不超过 300～400 mm。每天砌筑高度应不超过 1.2 m。

### 3. 料石基础砌筑

（1）料石基础的组砌形式

料石基础立面的组砌形式宜采用一顺一丁，即一皮顺石与一皮丁石相间。

（2）备料

料石基础宜用粗料石或毛料石与水泥砂浆砌筑。料石的宽度、厚度均不宜小于 200 mm，长度不宜大于厚度的 4 倍。料石强度等级应不低于 MU20，砂浆强度等级应不低于 M5。

（3）挂线

料石基础砌筑前，应清除基槽底杂物，在基槽底面上弹出基础中心线及两侧边线；在基础两端立起皮数杆，在两皮数杆之间拉准线。

（4）施工方法

料石基础，应先砌转角处或交接处，再依准线砌筑中间部分。料石基础的第一皮石块应用丁砌层坐浆砌筑，即先在基槽垫层上摊铺砂浆，再将石块砌上；以上各皮石块应铺灰挤砌，砂浆铺设厚度应高出规定灰缝厚的 6~8 mm，上下错缝，搭接紧密，上下皮石块竖缝相互错开应不少于石块宽度的 1/2。

阶梯形料石基础，上级阶梯的料石应至少压砌下级阶梯料石的 1/3。料石基础的灰缝中砂浆应饱满，水平灰缝厚度和竖向灰缝宽度不宜大于 20 mm。

## 三、小型砌块砌筑工程

### 1. 混凝土小型空心砌块砌筑

（1）施工准备

1）材料。小砌块运到现场后，应分规格、分等级堆放；堆放场地必须平整，并做好排水。砌块的堆放高度不宜超过 2 m。砌筑承重墙的小砌块应进行挑选，剔除断裂或壁肋中有竖向裂缝的小砌块。承重结构所用小砌块的强度等级应不低于 MU15。

普通混凝土小砌块宜为自然含水率，当天气干燥炎热时，可在砌筑前喷水湿润；轻骨料混凝土小砌块宜在砌筑前 1~2 d 浇水湿润，含水率为 5%~8%。严禁雨天施工；小砌块表面有浮水时，也不得施工。

准备好所需的拉结钢筋（或钢筋网片）以及附墙用预埋件。根据小砌块搭接需要，准备一定数量的辅助规格的小砌块。

砌筑砂浆必须搅拌均匀，随拌随用，砂浆强度等级应不低于 M5，防潮层以上的小砌块砌体，应采用水泥混合砂浆或专用砂浆砌筑，并要采取改变砂浆和易性和粘结性的措施。

底层室内地面以下或防潮层以下的砌体，应采用强度等级不低于 C20 的混凝土灌实小砌块的孔洞。

2）立皮数杆。根据小砌块尺寸和灰缝厚度确定皮数和排数，并制作皮数杆立于建筑物四角或楼梯间转角处；皮数杆间距不宜超过 15 m。

（2）小砌块墙砌筑

1）立面组砌形式。小砌块墙的厚度一般为 190 mm（单排）；特殊情况下，墙厚为 390 mm（双排）。小砌块墙的立面组砌形式为全顺一种，上、下竖向灰缝相互错开 190 mm；双排小砌块墙横向竖缝也应相互错开 190 mm。承重墙体不得采用混凝土小砌块与烧结普通砖等混砌，并严禁使用断裂小砌块。

2）施工方法。小砌块宜采用铺灰反砌法进行砌筑。先用大铲或瓦刀在墙顶上摊铺砂浆，一次铺灰长度不宜超过两块主规格块体的长度；再在已砌好的砌块端面上刮砂浆，双手端起小砌块，使其底面向上，摆放在砂浆层上，与前一块挤紧，并使上下砌块的孔洞对准，挤出的砂浆随手刮去。需要移动砌体中的小砌块或小砌块被撞动时，应重新铺砌。

使用单排孔小砌块砌筑墙体时，应对孔错缝搭砌；使用多排孔小砌块砌筑墙体时，应错缝搭接；搭接长度均不应小于 90 mm。

墙体的个别部位不能满足上述要求时，应在灰缝中设置拉结钢筋或钢筋网片，但竖向通缝仍不得超过两皮小砌块。拉结筋或钢筋网片设置数量、埋置长度应符合设计要求。

小砌块墙的水平灰缝厚度和竖向灰缝宽度宜为 10 mm，但不应小于 8 mm，也不应大于 12 mm。水平灰缝应平直，按净面积计算的砂浆饱满度不应低于 90%。竖向灰缝应采用加浆方法，使其砂浆饱满，严禁用水冲浆灌缝；不得出现瞎缝、透明缝；竖缝的砂浆饱满度不宜低于 80%。

3）转角处和交接处砌筑。小砌块墙的转角处，应使纵横墙的砌块隔皮相互搭接，露头的砌块端面应用水泥砂浆抹平。

小砌块墙的丁字交接处，应使横墙的砌块隔皮露头，纵墙加砌辅助砌块（一孔半）。如没有辅助砌块，则会造成三皮砌块高的竖向通缝。因此，宜采用大砌块（三孔）错缝，露头的砌块应用水泥砂浆抹平。

4）留槎。小砌块墙体转角处和纵横墙交接处应同时砌筑。临时间断处应砌成斜槎，斜槎水平投影长度不应小于高度的2/3。非抗震设防及抗震设防烈度为6度、7度地区的临时间断处，当不能留斜槎时，除转角处外，可留凸槎。留凸槎处应每120 mm墙厚放置两根直径6 mm的拉结钢筋，间距沿墙高不应超过500 mm；埋入长度从留槎处算起每边均不应小于500 mm，对抗震设防烈度6度、7度的地区不应小于1 000 mm。

5）小砌块填充墙。用轻骨料混凝土小型空心砌块砌筑填充墙时，墙底部应砌烧结普通砖或多孔砖或现浇混凝土坎台等，其高度不宜小于200 mm。

砌筑填充墙时，必须将预埋在柱中的拉结钢筋砌入墙内。拉结钢筋的规格、数量、间距、长度应符合设计要求。填充墙与框架柱之间的缝隙应用砂浆填满。

轻骨料混凝土小砌块应错缝搭接，搭接长度不应小于90 mm，如不能保证时，应在灰缝中设置拉结钢筋或网片，竖向通缝不应大于2皮。

小砌块墙砌至接近梁、板底时，应留一定空隙，在抹灰前采用侧砖、或立砖、或砌块斜砌挤紧，其倾斜度宜为60°左右，砌筑砂浆应饱满。补砌时间间隔不应少于7 d。

6）预留洞口及预埋件。对设计规定的洞口、管道、沟槽和预埋件等，应在砌筑时预留或预埋，严禁在砌好的墙体上打洞、凿槽。

小砌块墙体中不得留水平沟槽。施工中需要在墙体中留临时洞口，其侧边离交接处的墙面不应小于600 mm，并在顶部设过梁；填砌施工洞口的砌筑砂浆强度等级应提高一级。

7）脚手眼。小砌块墙体内不宜留脚手眼，如必须留设时，可采用190 mm×190 mm×190 mm小砌块侧砌，利用其孔洞作脚手眼，墙体完工后用强度等级不低于C20混凝土填实。但墙体下列部位不得留设脚手眼：过梁上与过梁成60°角的三角形范围及过梁净跨度1/2的高度范围内，宽度小于1 m的窗间墙，梁或梁垫下及其左右各500 mm范围内，门窗洞口两侧200 mm和墙体转角处450 mm范围内，不允许设置脚手眼的部位。

8）砌筑高度控制。常温条件下，普通混凝土空心小砌块的每日砌筑高度应不超过1.5 m或一步脚手架高度；轻骨料混凝土空心小砌块的每日砌筑高度应不超过1.8 m。

（3）芯柱施工

1）芯柱设置部位。混凝土空心小砌块墙的下列部位宜设置芯柱，外墙转角、楼梯间四角的纵横墙交接处的三个孔洞，宜设置混凝土芯柱；五层及五层以上的房屋，应在上述部位设置钢筋混凝土芯柱。

2）芯柱形式。钢筋混凝土芯柱宜用不低于 C15 的细石混凝土浇灌，每孔内插入不少于 1 根直径 10 mm 的钢筋，钢筋底部伸入室内地面下 500 mm 或与基础圈梁锚固，顶部与屋盖圈梁锚固。

芯柱应沿房屋全高贯通，可采用设置现浇钢筋混凝土板带的方法或预制楼板预留缺口（板端外伸钢筋铺入芯柱）的方法或与圈梁整体现浇的方法，实施芯柱贯通。

砌筑芯柱部位的墙体，宜采用不封底的通孔小砌块，如采用半封底的小砌块，必须清除孔洞底部的毛边。

3）钢筋混凝土芯柱。在芯柱部位，每层楼的第一皮小砌块，应采用开口小砌块或 U 形小砌块砌出操作孔，操作孔侧面宜预留连通孔；砌筑开口小砌块或 U 形小砌块时，应随时刮去灰缝内凸出的砂浆直至一个楼层高度。

砌完一个楼层高度后，应连续浇筑混凝土，且遵守下列规定：清除孔洞内的杂物，并用水冲洗干净；校正钢筋位置，并绑扎或焊接固定；芯柱钢筋应与基础或基础梁中的预埋钢筋焊接；上下楼层的钢筋可在楼板面上搭接，搭接长度不应小于 40 倍钢筋直径；沿墙高每隔 600 mm 应设置直径 4 mm 钢筋网片拉结，每边伸入墙体应不小于 600 mm；砌筑砂浆强度大于 1 MPa 后，方可浇筑混凝土芯柱；对整层楼高的芯柱孔洞，先注入适量与芯柱混凝土配比相同的去石水泥砂浆，再浇筑混凝土；每浇筑 400～500 mm 高度，捣实一次，或边浇筑边捣实；浇筑芯柱的混凝土，坍落度不应小于 90 mm，且宜掺加增大混凝土流动性的外加剂，并应事先计算每个芯柱的混凝土用量，按计量浇筑混凝土；芯柱与圈梁交接处，可在圈梁下留置施工缝。

**2. 加气混凝土小砌块砌体**

（1）施工准备

1）加气混凝土小砌块运输、装卸过程中，严禁抛掷和倾倒。进场后应按等级、规格分别堆放整齐，堆置高度不宜超过 2 m。堆放场地必须平整，并应采取排水和防止砌块淋雨的措施。

2）砌块一般不宜浇水，但在气候特别干燥炎热的情况下，可在砌筑前稍加喷水湿润，但施工时的含水率宜小于 15%。

3）不得使用龄期不足 28 d 的砌块进行砌筑。

4）准备所需的拉结钢筋或钢筋网片。

5）砌筑砂浆的强度等级不应低于 M5。

6）准备砌筑墙底部用的烧结普通砖或多孔砖。

7）立皮数杆：砌筑墙体前，应根据房屋立面及剖面图、砌块规格、灰缝（水平灰缝厚度为 15 m，垂直灰缝宽度为 20 mm）等绘制砌块排列图，并按排列图制作皮数杆。皮数杆应立于墙体转角处和交接处，其间距不宜超过 15 m。

（2）加气混凝土小砌块墙砌筑

1）立面组砌形式。加气混凝土小砌块墙可做成单层或双层。单层加气混凝土小砌块墙的厚度等于砌块厚度；双层加气混凝土小砌块的厚度等于两侧单墙厚度加空腔宽度，两侧单层墙体用钢筋扒钉拉结。

加气混凝土小砌块墙的底部应砌烧结普通砖或多孔砖，其高度不宜小于 200 mm。不同干密度和强度等级的加气混凝土小砌块不应混砌，也不得和其他砖、砌块混砌。

2）施工方法。加气混凝土小砌块的砌筑方法，一般应采用专用铺灰铲在墙顶上摊铺砂浆，在已砌好的砌块端面刮抹砂浆，然后把砌块对准位置摆放在砂浆层上，与前一块靠紧，注意留出垂直缝宽度，随手刮去多余砂浆。

①加气混凝土小砌块墙砌筑时应上下错缝，搭接长度不应小于砌块长度的 1/3，并不应小于 150 mm。如不能满足时，在水平灰缝中应设置 2 根直径 6 mm 的钢筋或直径 4 mm 的钢筋网片加强，加强筋长度不应小于 500 mm。

②加气混凝土小砌块墙的灰缝应横平竖直，砂浆饱满，垂直缝宜用内外临时夹板灌缝。水平灰缝厚度不得大于 15 mm，垂直灰缝宽度不得大于 20 mm。灰缝砂浆饱满度不应小于 80%。

③切锯砌块应使用专用工具，不得用斧子或瓦刀等任意砍劈。

④砌筑外墙时，不得留脚手眼。

⑤加气混凝土小砌块墙与框架结构的连接构造、配筋带的设置与构造、门窗框固定方法与过梁做法，以及附墙固定件做法等均应符合设计规定。

⑥门窗框安装宜采用后塞口法施工。

⑦加气混凝土小砌块墙的转角处及交接处，应使纵横墙砌块隔皮搭接。

⑧砌筑加气混凝土小砌块墙的转角处及小砌块墙与相邻的承重结构（墙或柱）交接处，当设计无具体要求时，应沿墙高 1 m 左右在灰缝中设置 2 根直径 6 mm 的拉结钢筋，伸入墙内长度不得小于 500 mm。墙体设置拉结钢筋的位置应与砌块皮

数相符合，竖向位置偏差不应超过一皮高度。

⑨加气混凝土小砌块墙的预留洞口两侧，应选用规则整齐的砌块砌筑。洞口下部应放置 2 根直径 6 mm 的钢筋，伸过洞口两边长度每边不得小于 500 mm。

⑩加气混凝土小砌块墙的每一楼层高度内应连续砌筑，尽量不留接槎。如必须留槎时，应留斜槎，或在门窗洞口侧边间断。

3）加气混凝土小砌块禁用部位。加气混凝土小砌块墙如无切实有效措施，不得在下列部位使用。

①建筑物室内地面标高以下部位。

②长期浸水或经常受干湿交替部位。

③受化学环境（如强酸、强碱）侵蚀或高浓度二氧化碳等环境。

④砌块表面经常处于 80 ℃ 以上的高温环境。

# 培训课程 2 力学与砌筑材料知识

## 学习单元 1　砌筑工程抗震构造知识

### 一、震级和烈度

地震又称地动、地振动,是地壳快速释放能量过程中造成的振动,其间会产生地震波的一种自然现象。地球上板块与板块之间相互挤压碰撞,造成板块边沿及板块内部产生错动和破裂,是引起地震的主要原因。

地震开始发生的地点称为震源,震源是地震的发源地,一般位于地表以下0～300 km。处震源正上方的地面称为震中,震中是震源在地面上的垂直投影处,一般受地震的影响最大。震中距是地表某地距震中的距离。破坏性地震的地面振动最烈处称为极震区,极震区往往也就是震中所在的地区,如图2-50所示。

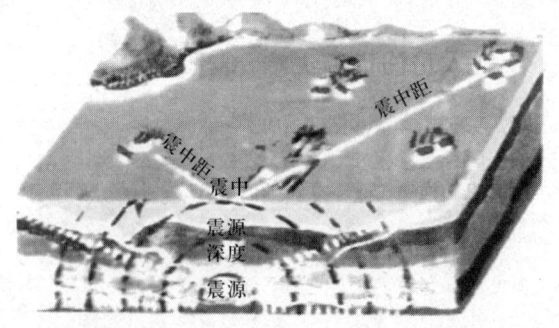

图2-50　震源、震中、震中距示意图

地震直接灾害是地震的原生现象,如地震断层错动,以及地震波引起地面振动,所造成的灾害,主要有:地面的破坏,建筑物与构筑物的破坏,山体等自然物的破坏(如滑坡、泥石流等),海啸,地光烧伤等,如图2-51所示。

地震次生灾害是直接灾害发生后，破坏了自然或社会原有的平衡或稳定状态，从而引发的灾害，主要有：火灾、水灾、毒气泄漏、瘟疫等。其中火灾是次生灾害中最常见、最严重的。

图 2-51　地震灾害

## 小贴士

据统计，全世界每年大约发生 500 万次地震。其中，绝大部分（约占 99%）的地震属于小地震，只有用灵敏的仪器才能测到，而人们能够感觉到的仅占一年地震总数的 1% 左右；至于会造成严重破坏的强烈地震，平均每年发生十几次；而像 2008 年四川汶川遭受的震级在 8 级以上的毁灭性地震，每年仅约 2 次。

汶川地震是一次千年不遇的特大地震，震级大、震源浅、烈度高、地面运动强烈、破坏力极强。据资料显示，由于地球的特殊板块构造，印度板块不断向欧亚板块俯冲，使青藏高原的地壳物质不断向东滑移。当这些地壳物质滑移到汶川地震区所处的龙门山构造带后，受到四川盆地之下刚性地块的顽强阻挡，聚集了巨大的能量，最终在龙门山北川—映秀地区突然释放。而且汶川地震发生的区域位于青藏高原向成都平原过渡地带，地质构造与自然地理条件十分复杂，地震造成的崩塌、滑坡等次生灾害因而非常严重。

## 1. 震级

地震的震级是衡量一次地震大小的等级，用符号 M 表示，也称里氏震级。震级的大小直接与震源释放的能量大小有关，见表 2-13。

表 2-13 震级分级表

| 类别 | 震级 |
| --- | --- |
| 微震 | M<2 的地震，人们感觉不到 |
| 有感地震 | M=2~4 的地震 |
| 破坏性地震 | M>5 的地震，建筑物有不同程度的破坏 |
| 强烈地震或大地震 | M=7~8 的地震 |
| 特大地震 | M>8 的地震 |

 **相关链接**

### 二十世纪以来的 8.5 级以上特大地震

1. 智利大地震（1960 年 5 月 22 日），里氏 9.5 级
2. 美国阿拉斯加大地震（1964 年 3 月 28 日），里氏 9.2 级
3. 美国阿拉斯加大地震（1957 年 3 月 9 日），里氏 9.1 级
4. 印度尼西亚大地震（2004 年 12 月 26 日），里氏 9.0 级
5. 俄罗斯大地震（1952 年 11 月 4 日），里氏 9.0 级
6. 智利大地震（2010 年 2 月 27 日），里氏 8.8 级
7. 厄瓜多尔大地震（1906 年 1 月 31 日），里氏 8.8 级

## 2. 烈度

地震烈度是指地震时某一地点震动的强烈程度，用符号 I 表示。对于一次地震，表示地震大小的震级只有一个，但它对不同的地点影响程度是不一样的。一般来说，离震中越远，受地震的影响就越小，烈度也就越低。对于一次地震的影响，随震中距的不同，可以划分为不同的烈度区。烈度划分依据如下。

1）人的感觉：从无感（用仪器记）以至于使人惊逃。

2）人工设施的破坏。

3）自然环境的破坏。对应一次地震，在其波及的地区内，根据地震烈度表可以对该地区内每一个地点评出一个地震烈度。中国科学院工程力学研究所在调查通海地震灾害时，发现很难用地震烈度表评定烈度，并保证精度在一度以内，因而提出震害指数的概念。

震害指数是指以房屋的"完好"为0，"毁灭"为1，其余介乎于0与1之间，按震害程度分级。中国地震烈度见表2-14。

表2-14 中国地震烈度表

| 烈度 | 人的感觉 | 一般房屋 | | 其他现象 |
| --- | --- | --- | --- | --- |
| | | 大多数房屋震害程度 | 平均震害指数 | |
| 1 | 无感 | | | |
| 2 | 室内个别静止中的人有感觉 | | | |
| 3 | 室内少数静止中的人有感觉 | 门、窗轻微作响 | | 悬挂物微动 |
| 4 | 室内多数人有感觉。室外少数人有感觉。少数人梦中惊醒 | 门、窗作响 | | 悬挂物明显摇动，器皿作响 |
| 5 | 室内普遍人有感觉。室外多数人有感觉。多数人梦中惊醒 | 门窗、屋顶、屋架颤动作响，灰土掉落。抹灰出现微细裂缝 | | 不稳定器物翻倒 |
| 6 | 惊慌失措，仓皇逃出 | 损坏——个别砖瓦掉落、墙体微细裂缝 | 0～0.1 | 河岸和松软土上出现裂缝。饱和砂层出现喷砂冒水。地面上有的砖烟囱轻度裂缝、掉头 |
| 7 | 大多数人仓皇逃出 | 轻度损坏——局部破坏、开裂，但不妨碍使用 | 0.11～0.30 | 河岸出现塌方。饱和砂层常见喷砂冒水。松软土上地裂缝较多。大多数砖烟囱中等破坏 |
| 8 | 摇晃颠簸，行走困难 | 中等破坏——结构受损，需要修理 | 0.31～0.50 | 干硬土上亦有裂缝。大多数砖烟囱严重破坏 |
| 9 | 坐立不稳。行动的人可能摔跤 | 严重破坏——墙体龟裂，局部倒塌，修复困难 | 0.51～0.70 | 干硬土上有许多地方出现裂缝，基岩上可能出现裂缝。滑坡、塌方常见。砖烟囱出现倒塌 |

续表

| 烈度 | 人的感觉 | 一般房屋 | | 其他现象 |
|---|---|---|---|---|
| | | 大多数房屋震害程度 | 平均震害指数 | |
| 10 | 骑自行车的人会摔倒。处不稳状态的人会摔出几米远。有抛起感 | 倒塌——大部分倒塌，不堪修复 | 0.71～0.90 | 山崩和地震断裂出现。基岩上的拱桥破坏。大多数砖烟囱从根部被破坏或倒毁 |
| 11 | | 毁灭 | 0.91～1.00 | 地震断裂延续很长。山崩常见。基岩上的拱桥毁坏 |
| 12 | | | | 地面剧烈变化，山河改观 |

 **相关链接**

　　我国是世界地震灾害最严重的国家之一，地震造成的人员伤亡居世界首位，造成的经济损失也十分巨大。这是因为我国处在世界上两个最活跃的地震带之间，东濒环太平洋地震带（如台湾岛）西部和西南（新疆、西藏、四川、云南、甘肃）都是欧亚地震带所经过的地区，是世界上多地震国家之一。

　　自 21 世纪以来，共发生破坏性地震 1 000 余次，其中 7 级以上破坏性地震平均每年 18 次，8 级以上地震 22 次。同时，地震活动分布范围广，按现行的烈度区划图，地震基本烈度 6 度及以上的地区面积占全国面积的 79%，7 度及 7 度以上的地区面积占全国面积的 41%，8 度及 8 度以上的地区面积占全国面积的 8%。

　　在历史上，全国除个别省（如贵州省）外，都发生过 6 级以上地震。有不少地区现代地震活动还相对较强烈。台湾省大地震最多，新疆、西藏次之，西南、西北、华北和东南沿海地区也是破坏性地震较多的地区。中华人民共和国成立以来，大陆地区发生多次强震，造成的经济损失和人员伤亡是惨重的。地震灾害给人类带来了不幸，也为后人考察地震灾害提供了大量的资料。

## 二、建筑抗震设防

### 1. 建筑抗震设防依据

（1）基本烈度

一个地区的基本烈度是指该地区一定时期内，在一般场地条件下可能遭遇到超越概率为10%的地震烈度。

（2）设防烈度

作为一个地区建筑抗震设防依据的烈度称为抗震设防烈度。

地震烈度区划就是依据地质构造资料、历史地震规律、强震观测资料，采用地震危险性分析的方法，计算出每一地区在未来一定时限内关于某一烈度（或地震动加速度值）的超越概率，从而，可以将国土划分为由不同基本烈度所覆盖的区域。

局部场地条件对地震动的特性和地震破坏效应有较大影响。地震小区划就是在大区划的基础上，考虑局部范围的地震地质背景、土质条件和地形地貌，给出一个城市或一个大的工矿企业的地震烈度和地震动参数，为抗震设计提供更经济合理的场地地震特性。

### 小贴士

抗震设防标准：衡量抗震设防要求高低的尺度，由抗震设防烈度或设计地震动参数及建筑抗震设防类别确定。

地震作用：地震引起的结构动态作用，包括水平地震和竖向地震作用。

场地：工程群体所在地，具有相似的反应谱特性，其范围相当于厂区、居民小区或不小于$1\,km^2$的平面面积。

建筑抗震概念设计：根据地震灾害和工程经验等形成的基本设计原则和设计思想，进行建筑和结构总体布置并确定细部构造的过程。

抗震措施：除地震作用计算以外的抗震设计内容，包括抗震构造措施。

抗震构造措施：根据抗震概念设计原则，一般不需计算而对结构和非结构各部分必须采取的各种细部要求。

## 2. 建筑抗震设防目标

抗震设防目标应达到经济与安全间的合理平衡，世界上的大多数国家都遵循"小震不坏，中震可修，大震不倒"的设防目标。

我国抗震规范的三水准设防目标如下。

第一水准：当遭遇多遇的、低于本地区设防烈度的地震时，主体结构不受损坏或不需修理仍可继续使用。

第二水准：当遭遇相当于本地区设防烈度的地震影响时，可能发生损坏，但经一般修理仍可继续使用。

第三水准：当遭受高于本地区设防烈度的罕遇地震影响时，不致倒塌或发生危及生命的严重破坏。

使用功能或其他方面有特殊要求的建筑，当采用抗震性能化设计时，具有更具体或更高的抗震设防目标。规范要求对抗震设防烈度为6度及以上地区的建筑，必须进行抗震设计。

 **相关链接**

> 我国一般采用二阶段设计方法。
>
> 第一阶段为承载力设计，采用第一水准（多遇）地震动参数，按弹性方法计算地震作用及其效应，与其他荷载进行组合，再进行构件截面设计，这样既满足了第一水准下具有必要的承载力可靠度，又满足第二水准损坏可修的目标。大多建筑可只进行第一阶段设计，而通过合理的结构布置等概念设计和抗震构造措施保证第三水准性能目标。
>
> 第二阶段为弹塑性变形验算，对于特殊要求的建筑、易倒塌的建筑或存在明显薄弱层的不规则结构，还要取罕遇地震动参数对结构薄弱层的弹塑性层间变形进行验算，并采取相应的构造措施来保证"大震不倒"。

## 3. 建筑抗震设防分类及标准

根据建筑物破坏后可能产生的经济损失、社会影响以及在抗震救灾中的作用，《建筑工程抗震设防分类标准》（GB 50223—2008）将建筑物按重要性分为四类，不同重要性的建筑采用不同的设防标准。

甲类又称特殊设防类，是指使用上有特殊设施，涉及国家公共安全的重大建筑工程和地震可能发生严重次生灾害等特别重大灾害后果，需要进行特殊设防的建筑。

对特殊设防类，应按高于本地区抗震设防烈度提高一度的要求加强其抗震措施；但抗震设防烈度为9度时应按比9度更高的要求采取抗震措施。同时，应按批准的地震安全性评价的结果且高于本地区抗震设防烈度的要求确定其地震作用。

乙类又称重点设防类，是指地震时使用功能不能中断或需要尽快恢复的生命线相关建筑，以及地震时可能导致大量人员伤亡等重大灾害后果，需要提高设防标准的建筑。

对重点设防类，应按高于本地区抗震设防烈度一度的要求加强其抗震措施，但抗震设防烈度为9度时应按比9度更高的要求采取抗震措施。地基基础的抗震措施应符合有关规定。同时，应按本地区抗震设防烈度确定其地震作用。

丙类又称标准设防类，是指除甲、乙、丁类以外按标准要求进行设防的建筑。

对标准设防类，应按本地区抗震设防烈度确定其抗震措施和地震作用，达到在遭遇高于当地抗震设防烈度的预估罕遇地震影响时不致倒塌或发生危及生命安全的严重破坏的抗震设防目标。

丁类又称适度设防类，是指使用上人员稀少且震损不致产生次生灾害，允许在一定条件下适度降低要求的建筑。

对适度设防类，允许比本地区抗震设防烈度的要求适当降低其抗震措施，但抗震设防烈度为6度时不应降低。一般情况下，仍应按本地区抗震设防烈度确定其地震作用。

### 三、砌体结构典型震害

**1. 砌体结构抗震性能差的原因**

传统的砌体结构多采用黏土实心砖和混合砂浆砌筑，通过内外墙的咬砌达到具有一定整体性连接。楼板多采用预制钢筋混凝土空心板，梁和其他构件亦多用预制装配构件。这种连接和构件组成特点使得整个砌体结构具有脆性性质。而砌体的抗剪、抗弯和抗拉的强度都较低，因此，未经合理抗震设计的多层砌体房屋，其抗震性能较差，抗破坏能力低。

砌体结构抗震性能差的原因如下。

1）砌体刚度大、自重大，地震作用也大。

2）砌体材料质脆，抗剪、抗拉、抗弯强度低，地震作用下极易出现裂缝。

3）受施工质量的影响较大，如砂浆不饱满易出现裂缝，减弱抗震性能。

若能针对砌体结构的弱点进行合理设计，采用适当的构造措施。确保施工质量，砌体结构的抗震性能是能够得到改善的。

**2. 砌体结构震害实例及原因分析**

在砌体结构房屋中，砖墙是主要的承重构件，它不但承受垂直方向的荷载，也承受水平和垂直方向的地震作用，受力是复杂的，加之砖砌体本身的脆性性质，地震时在砖墙上很容易产生裂缝。在反复地震作用下，裂缝将不断发展、增多、加宽，最后导致墙体崩塌，楼盖塌落，房屋破坏。

（1）房屋倒塌

房屋倒塌包括全部倒塌、上部倒塌和局部倒塌。

1）全部倒塌。其分三种：一是当结构底层墙体不足以抵抗强烈地震作用所产生的剪力时，则底层先倒而导致上层随之塌落；二是上层墙体过于薄弱先倒而将底层砸塌；三是在强烈地震作用下，上下层墙体同时散碎。全部倒塌如图2-52所示。

图2-52 全部倒塌

2）上部倒塌。其发生原因有上部砌体强度不足，屋顶与墙体间连接不好，上部结构自重大、刚度差，上部结构整体性差等。上部倒塌如图2-53所示。

3）局部倒塌。

①平面处理不当发生原因：个别部位连接不好、整体性差，个别部分严重超载，房屋地基不均匀等。平面处理不当如图2-54所示。

②墙体的破坏的表现有横墙（包括山墙）、纵墙墙面出现斜裂缝、交叉裂缝、水平裂缝，严重者则出现倾斜、错动和倒塌现象。

图 2-53　上部倒塌

图 2-54　平面处理不当

③斜裂缝和交叉裂缝。与水平地震作用平行的墙体是承受该方向地震作用的主要抗侧力构件，当地震作用在砌体内产生的主拉应变超过相应极限拉应变时则产生斜裂缝；在地震的反复作用下，则形成交叉裂缝。X 形裂缝如图 2-55 所示。

④水平裂缝大都发生于外纵墙窗口的上下皮处。其特点是房屋中段较重，两端较轻。当房屋纵向承重，横墙间距大而屋盖刚度弱时，横向水平地震作用不能通过楼屋盖全部传递给横墙，而有相当部分传递给纵墙，导致纵墙产生过大的出平面变形，终因抗弯强度不足产生水平裂缝。水平裂缝如图 2-56 所示。

图 2-55　X 形裂缝

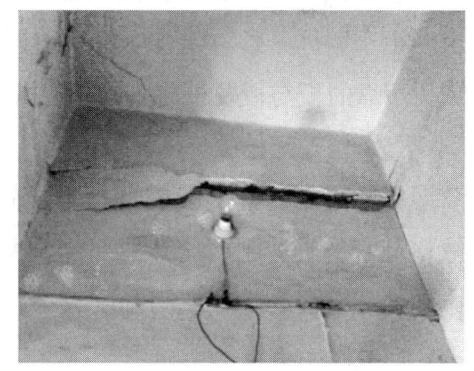

图 2-56　水平裂缝

⑤竖向裂缝大多发生于横纵墙交接处或变化较大的两部体系的交接处。竖向裂缝如图 2-57 所示。

（2）墙角的破坏

房屋四角以及突出部分阳角的墙面上出现纵横两个方向的 V 形斜裂缝，严重者则发生外墙角部墙体局部倒塌。由于墙角处应力复杂并易于产生应力集中，且墙角位于房屋尽端，房屋整体对角部纵横两个方向的约束作用都减弱，使角部的抗震能力有所降低，而地震过程中的扭转影响以及墙角部位具有较大的刚度，使房屋角部的地震作用效应又明显加大，从而导致角部出现上述裂缝，若该裂缝进一步扩展，墙角即会局部塌落。

（3）纵横墙连接处的破坏

地震时纵横墙连接处要承受两个方向的地震作用，受力复杂，易产生应力集中，且施工时纵横墙往往不能同时咬槎砌筑，在

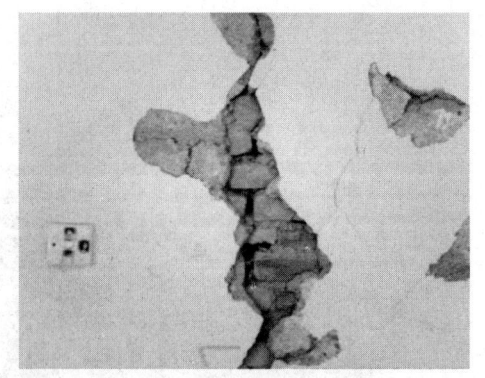

图 2-57　竖向裂缝

纵横墙之间留有马牙槎（直槎），且未设拉结筋，使墙体间缺乏拉结，或虽同时砌筑，但砌筑质量不好，都会导致墙体间拉结强度低。所以，地震时在垂直于纵墙的水平地震力的作用下，将使纵横墙连接处产生较大的拉应力，出现竖向裂缝、拉脱、纵墙外闪，严重者可造成整片纵墙脱离横墙而倒塌。地基条件不好，地震时产生不均匀沉降同样可能引起纵横墙间的竖向裂缝。

（4）楼板和屋盖

楼板和屋盖是地震时传递水平地震作用的主要构件。对于预制板楼板、楼盖，由于整体性较差、板缝偏小混凝土灌缝不够密实，地震时易于拉裂。9度以上地区，由于墙体开裂、错位、倒塌引起楼板、楼盖掉落。预制板端部搁置长度过短或无可靠的板与板及板与墙的搭接措施，也造成震害。

（5）楼梯间的破坏

楼梯间的墙体一般震害较重，而楼梯本身很少破坏。由于楼梯间开间较小，故横墙水平抗剪刚度比其他部位要大，因而分担较大的水平地震剪力，但在高度方向缺乏有力支撑，空间刚度较小，尤其顶层外纵墙常为一层半高，自由高度加大，而竖向压力较小。

有时楼梯踏步板嵌入墙体，削弱了墙体截面，故楼梯间墙体在水平地震作用下容易产生斜裂缝或交叉裂缝，且上层楼梯间的震害一般比下层重。当楼梯间布置在房屋的端部或转角处时，由于扭转，震害更严重，常引起墙体严重破坏，甚至倒塌。楼梯间的破坏如图 2-58 所示。

（6）附属构件的破坏

突出屋面的屋顶间（电梯机房、水箱间等）、烟囱、女儿墙等，地震时由于"鞭端效应"的影响，其破坏较下部主体结构明显加重。一般 6 度区有所破坏，7 度

区普遍破坏，8度、9度区几乎全部破坏或倒塌。附属构件的破坏如图2-59所示。

此外，雨篷、阳台及无筋砖过梁等，震害也较主体结构严重。

图2-58 楼梯间的破坏

图2-59 附属构件的破坏

小贴士

> 大量震害表明传统的砌体结构抗震性能较差。
>
> 1923年日本关东大地震，东京约有砖石结构房屋7 000栋，几乎全部遭到不同程度的破坏。
>
> 1948年苏联阿什哈巴德地震，砖石结构房屋的破坏和倒塌率达到70%～80%。
>
> 1976年唐山地震，对烈度为10度、11度区的123栋2～8层砖混结构房屋调查，倒塌率为63.2%，严重破坏为22.6%，尚能修复使用的4.2%，实际破坏率达95.8%。

## 四、砌体结构抗震设计一般规则

### 1. 层数和高度

多层房屋的层数和高度设计要求如下。

1）一般情况下，房屋的层数和总高度不应超过表2-15的规定。

2）医院、教学楼等及横墙较少的多层砌体房屋，总高度比表2-15中的规定降低3 m，层数相应减少一层；各层横墙很少的多层砌体房屋，还应根据具体情况再适当降低总高度和减少层数。

3）横墙较少的多层砖砌体住宅楼，当按规定采取加强措施并满足抗震承载力要求时，其高度和层数允许仍按表 2-15 中的规定采用。

横墙较少是指同一楼层内，开间大于 4.2 m 的房间占该层总面积的 40% 以上；各层横墙很少。

表 2-15 房屋的层数和总高度限值    m

| 房屋类别 | | 最小抗震墙厚度 / mm | 烈度和设计基本地震加速度 | | | | | | | | | |
|---|---|---|---|---|---|---|---|---|---|---|---|---|
| | | | 6 | | 7 | | | | 8 | | | 9 | |
| | | | 0.05 g | | 0.10 g | | 0.15 g | | 0.20 g | | 0.30 g | | 0.40 g | |
| | | | 高度 | 层数 | 高度 | 层数 | 高度 | 层数 | 高度 | 层数 | 高度 | 层数 | 高度 | 层数 |
| 多层砌体房屋 | 普通砖 | 240 | 21 | 7 | 21 | 7 | 21 | 7 | 18 | 6 | 15 | 5 | 12 | 4 |
| | 多孔砖 | 240 | 21 | 7 | 21 | 7 | 18 | 6 | 18 | 6 | 15 | 5 | 9 | 3 |
| | 多孔砖 | 190 | 21 | 7 | 18 | 6 | 15 | 5 | 15 | 5 | 12 | 4 | — | — |
| | 小砌块 | 190 | 21 | 7 | 21 | 7 | 18 | 6 | 18 | 6 | 15 | 5 | 9 | 3 |

## 2. 最大高宽比

多层房屋的最大高宽比应符合表 2-16 的规定。

表 2-16 房屋最大高宽比

| 烈度 | 6 | 7 | 8 | 9 |
|---|---|---|---|---|
| 最大高宽比 | 2.5 | 2.5 | 2.0 | 1.5 |

## 3. 房屋抗震墙的间距

房屋抗震墙的间距不应超过表 2-17 的规定。

表 2-17 房屋抗震横墙的间距    m

| 房屋类别 | | 烈度 | | | |
|---|---|---|---|---|---|
| | | 6 | 7 | 8 | 9 |
| 多层砌体房屋 | 现浇或装配整体式钢筋混凝土楼、屋盖装配式钢筋混凝土楼、屋盖木屋盖 | 15 | 15 | 11 | 7 |
| | | 11 | 11 | 9 | 4 |
| | | 9 | 9 | 4 | — |
| 底部框架-抗震墙砌体房屋 | 上部各层 | 同多层砌体房屋 | | | |
| | 底层或底部两层 | 18 | 15 | 11 | — |

## 4. 房屋的局部尺寸限制

房屋的局部尺寸限制见表 2-18。

表 2-18　房屋的局部尺寸限值　　　　　　　　　　　　　　m

| 部　位 | 6度 | 7度 | 8度 | 9度 |
| --- | --- | --- | --- | --- |
| 承重窗间墙最小宽度 | 1.0 | 1.0 | 1.2 | 1.5 |
| 承重外墙尽端至门窗洞边的最小距离 | 1.0 | 1.0 | 1.2 | 1.5 |
| 非承重外墙尽端至门窗洞边的最小距离 | 1.0 | 1.0 | 1.0 | 1.0 |
| 内墙阳角至门窗洞边的最小距离 | 1.0 | 1.0 | 1.5 | 2.0 |
| 无锚固女儿墙（非出入口处）的最大高度 | 0.5 | 0.5 | 0.5 | 0.0 |

## 5. 多层砌体房屋的结构布置

应优先采用横墙或纵横墙共同承重的结构体系，并且多层砌体房屋的结构布置宜符合以下要求。

1）在平面布置时，纵横墙宜均匀对称，沿竖向应上下连续，同时应避免墙体的高度不一致而造成错层。

2）楼梯间不应布置在房屋尽端和转角处。

3）烟道、风道、垃圾道的设置不应削弱墙体，当墙体被削弱时应对墙体采取加强措施，不宜采用无竖向配筋的附墙烟囱及出屋面的烟囱。

4）当房屋立面高差大于 6 m 时、房屋有错层且楼板高差较大或房屋的结构刚度、质量截然不同时，应设置防震缝将其划分为规则均匀对称的抗震单元。

## 五、砌体结构房屋抗震构造措施

### 1. 多层砖房抗震构造措施

（1）构造柱的设置

构造柱应设置在墙体的两端或墙体的交接部位。多层普通砖、多孔砖房应按下列要求设置钢筋混凝土构造柱。

1）构造柱设置部位，一般情况下应符合表 2-19 的要求。

2）外廊式和单面走廊式的多层房屋，应根据房屋增加一层后的层数，按表 2-19 的要求设置构造柱，且单面走廊两侧的纵墙均应按外墙处理。

3）教学楼、医院等横墙较少的房屋，应根据房屋增加一层后的层数，按表 2-19 的要求设置构造柱。

表 2-19 多层砖砌体房屋构造柱设置要求

| 房屋层数 | | | | 设置部位 | |
|---|---|---|---|---|---|
| 6度 | 7度 | 8度 | 9度 | | |
| 四、五 | 三、四 | 二、三 | | 楼、电梯间四角、楼梯斜梯段上下端对应的墙体处；外墙四角和对应转角；错层部位横墙与外纵墙交接处；较大洞口两侧 | 隔12 m或单元横墙与外纵墙交接处；楼梯间对应的另一侧内横墙与外纵墙交接处 |
| 六 | 五 | 四 | 二 | | 隔开间横墙（轴线）与外墙交接处；山墙与内纵墙交接处 |
| 七 | ≥六 | ≥五 | ≥三 | | 内墙（轴线）与外墙交接处；内横墙的局部较小墙垛处；内纵墙与横墙（轴线）交接处 |

（2）圈梁的设置

多层普通砖、多孔砖房屋的现浇钢筋混凝土圈梁设置应符合下列要求。

1）装配式钢筋混凝土楼、屋盖或木楼、屋盖的砖房；纵横承重时，抗震横墙上的圈梁间距应比表内的要求适当加密。

2）现浇或装配整体式钢筋混凝土楼盖、屋盖与墙体有可靠连接的房屋，应允许不另设圈梁，但楼板沿墙周边应加强配筋并应与相应的构造柱钢筋可靠连接。

多层砖砌体房屋现浇钢筋混凝土圈梁设置要求见表 2-20。圈梁宜与预制板在同一标高或紧靠板底，圈梁应闭合，遇有洞口应上下搭接。

表 2-20 多层砖砌体房屋现浇钢筋混凝土圈梁设置要求

| 墙 类 | 烈 度 | | |
|---|---|---|---|
| | 6、7 | 8 | 9 |
| 外墙和内纵墙 | 屋盖处及每层楼盖处 | 屋盖处及每层楼盖处 | 屋盖处及每层楼盖处 |
| 内横墙 | 同上；屋盖处间距不应大于4.5 m；楼盖处间距不应大于7.2 m；构造柱对应部位 | 同上；各层所有横墙，且间距不应大于4.5 m；构造柱对应部位 | 同上；各层所有横墙 |

（3）对横墙较少房屋的加强措施

横墙较少的多层普通砖、多孔砖住宅楼的总高度和层数接近或达到表 2-15 规定限值,应采取下列加强措施。

1)房屋的最大开间尺寸不宜大于6.6 m。

2)同一结构单元内横墙错位数量不宜超过横墙总数的1/3,且连续错位不宜多于两道;错位墙体交接处均应增设构造柱,且楼(屋)面板应采用现浇钢筋混凝土板。

3)横墙和内纵墙上洞口的宽度不宜大于1.5 m;外纵墙上洞口的宽度不宜大于2.1 m或开间尺寸的一半;且内外墙上洞口位置不应影响内外纵墙与横墙的整体连接。

4)所有纵横墙均应在楼、屋盖标高处设置加强的现浇钢筋混凝土圈梁;圈梁的截面高度不宜小于150 mm,上下纵筋各不应少于3Φ10,箍筋不小于Φ6,间距不大于300 mm。

5)所有纵横墙交接处及横墙的中部,均应增设满足下列要求的构造柱:在横墙内的柱距不宜大于层高,在纵墙内的柱距不宜大于4.2 m,最小截面尺寸不宜小于240 mm×240 mm,配筋宜符合表2-21的要求。

表2-21 多层砖砌体房屋圈梁配筋要求

| 配 筋 | 烈 度 | | |
|---|---|---|---|
| | 6、7 | 8 | 9 |
| 最小纵筋 | 4Φ10 | 4Φ12 | 4Φ14 |
| 箍筋最大间距/mm | 250 | 200 | 150 |

6)同一结构单元的楼、屋面板应设置在同一标高处。

7)房屋底层和顶层的窗台处,宜设置沿纵横墙通长的水平现浇钢筋混凝土带,如图2-60所示;其截面高度不小于60 mm,宽度不小于240 mm,纵向钢筋不少于3Φ6。

(4)其他方面的抗震构造

1)顶层楼梯间由于其墙体高度较大,在8度、9度时规范要求在顶层楼梯间的横墙和外墙沿墙高每隔500 mm设2Φ6通长钢筋;9度时在其他各层楼梯间的休息平台处或楼层半高处设置60 mm厚钢筋混凝土现浇带或配筋砖带,配筋砖带的砂浆强度等级不应低于M7.5,纵向钢筋不应小于2Φ10。

2)构造柱的最小截面可采用240 mm×180 mm,纵向钢筋宜采用4Φ12,箍筋间距不宜大于250 mm,柱上下两端各500 mm处加密至间距100 mm。构造柱的构造如图2-61所示。

图 2-60 多层砖房抗震构造措施

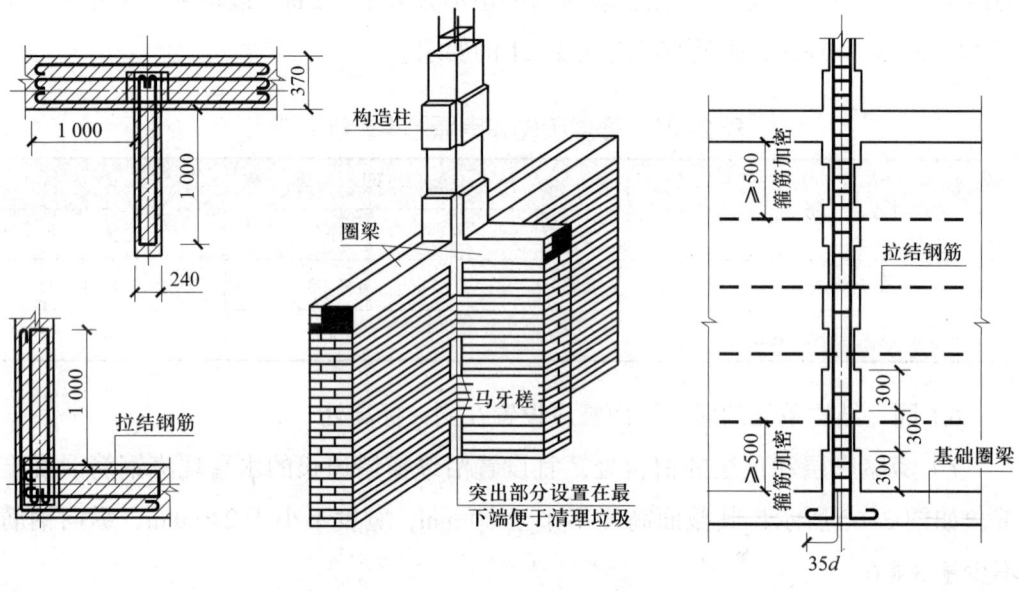

图 2-61 构造柱的构造

3）8度、9度时梁端伸入内墙阳角的支撑长度不小于500 mm，并应与圈梁连接。突出屋面的楼、电梯间，构造柱应伸至顶部并与顶部的圈梁相连。无构造柱的内外墙交接处，沿高每500 mm设2Φ6的拉结钢筋，且每边伸入墙内不应小于1 m。

**2．多层砖房抗震构造措施**

（1）芯柱的设置

小砌块房屋应按表2-22的要求设置钢筋混凝土芯柱，对医院、教学楼等横墙较少的房屋，应根据房屋增加一层后的层数，按表2-22的要求设置芯柱。

表 2-22 多层小砌块房屋芯柱设置要求

| 房屋层数 | | | | 设置部位 | 设置数量 |
|---|---|---|---|---|---|
| 6度 | 7度 | 8度 | 9度 | | |
| 四、五 | 三、四 | 二、三 | | 外墙转角，楼、电梯间四角，楼梯斜梯段上下端对应的墙体处；<br>大房间内外墙交接处；<br>错层部位横墙与外纵墙交接处；<br>隔12 m或单元横墙与外纵墙交接处 | 外墙转角，灌实3个孔；<br>内外墙交接处，灌实4个孔；<br>楼梯斜段上下端对应的墙体处，灌实2个孔 |
| 六 | 五 | 四 | | 同上；<br>隔开间横墙（轴线）与外纵墙交接处 | |
| 七 | 六 | 五 | 二 | 同上；<br>各内墙（轴线）与外纵墙交接处；<br>内纵墙与横墙（轴线）交接处和洞口两侧 | 外墙转角，灌实5个孔；<br>内外墙交接处，灌实4个孔；<br>内墙交接处，灌实4~5个孔；<br>洞口两侧各灌实1个孔 |
| | 七 | ≥六 | ≥三 | 同上；<br>横墙内芯柱间距不大于2 m | 外墙转角，灌实7个孔；<br>内外墙交接处，灌实5个孔；<br>内墙交接处，灌实4~5个孔；<br>洞口两侧各灌实1个孔 |

小砌块房屋的芯柱截面不宜小于120 mm×120 mm；混凝土强度等级不应低于C20；芯柱内竖向插筋应贯通墙身且与圈梁连接；插筋不应小于1⊕12，7度时超过五层、8度时超过四层和9度时，插筋不应小于1⊕14。

芯柱应伸入室外地面以下500 mm或与埋深小于500 mm的基础圈梁相连。为提高墙体抗震受剪承载力而设置的芯柱，宜在墙体内均匀布置，最大净距不宜大于2 m。

（2）圈梁的设置

小砌块房屋的现浇钢筋混凝土圈梁应按表2-20的要求设置，圈梁宽度不应小于190 mm，配筋不应小于4⊕12，箍筋间距不应大于200 mm。

# 学习单元 2　砌筑工程简单力学知识

## 一、受压破坏机理

### 1. 受压全过程

根据砌体受压试验研究，砌体轴心受压时从开始直至破坏，砌体裂缝的出现和发展等特点，可将砌体轴心受压破坏过程大致经历三个阶段（以标准试件 240 mm×370 mm×720 mm 普通黏土砖砌体轴心受压为例），如图 2-62 所示。

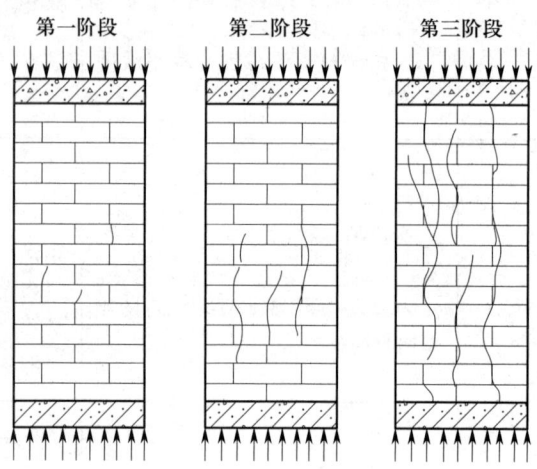

图 2-62　砖砌体轴心受压时破坏特征

第一阶段：自受力到单块砖内出现竖向裂缝。砌体开始受压，到出现第一条（批）裂缝。在此阶段，随着压力的增大，单块砖内产生细小裂缝，但就砌体而言，多数情况裂缝约有数条。如不再增加压力，单块砖内的裂缝亦不发展。根据国内外的试验结果，砖砌体内产生第一批裂缝时的压力为破坏时压力的 50%～70%。

第二阶段：单块砖内裂缝发展，连接并穿过若干皮砖。随着压力的增加，单块砖内裂缝不断发展，并沿竖向通过若干皮砖，在砖体内逐渐连接成一段段的裂缝。此时，即使压力不再增加，裂缝仍会继续发展，砌体已临近破坏，处于十分危险的状态。其压力为破坏时压力的 80%～90%。

第三阶段：裂缝贯穿，把砌体分成若干 1/2 砖立柱，失稳。压力继续增加，砌体内裂缝迅速加长加宽，最后使砌体形成小柱体（个别砖可能被压碎）而失稳，整个砌体亦随之破坏。以破坏时压力除以砌体横截面面积所得的应力称为该砌体的极限抗压强度。

**2. 受压破坏特征复杂的原因分析**

砌体轴心受压破坏试验结果表明，砖柱的抗压强度远小于砖的抗压强度，出现这一现象的原因主要有以下四个方面。

（1）由于单块砖本身形状不完全规则平整，而且施工时砂浆铺砌厚度和密实性不均匀，使得单块砖在砌体内并不是均匀受压，而是处于压、弯、剪复合受力状态。由于砖的脆性，抵抗弯、剪的能力较差，砌体内第一批裂缝的出现是单砖受弯和受剪引起的。

（2）横向变形时相互约束。砌体在受压时会产生横向变形，砖的弹性模量大、横向变形系数小，而砂浆弹性模量小，横向变形系数大，在砌体受压时，砖的横向变形小于砂浆的横向变形，两者共同作用，则砂浆对砖会产生拉应力，所以单砖在砌体中处于压、弯、剪和拉的复合应力状态，抗压强度降低；相反，砖也会对砂浆产生阻止其横向变形的压应力，这样砂浆就处于三向受压的受力状态，由于砖和砂浆的交互作用，使得砌体的抗压强度比单块砖的强度低得多，而对于用较低强度等级砂浆砌筑的砌体抗压强度有时比砂浆本身的强度高得多，甚至刚砌筑好的砌体（砂浆强度为零）也能承受一定荷载。由于交互作用在砖内产生了附加拉应力，从而加快了砖内裂缝的出现，因此在用较低强度等级砂浆砌筑的砌体内，砖内裂缝出现较早。

（3）弹性地基梁作用。单块砖受弯受剪的应力值不仅与灰缝厚度及密实性有关，与砂浆的弹性性质也有关。每块砖可视为作用在弹性地基上的梁，其下面的砌体可视为"弹性地基"。"地基"的弹性模量越小，砖的弯曲变形就越大，砖内产生的弯、剪应力就越大。因此砂浆强度等级越低，砖弯曲变形越大。

（4）竖向灰缝处的应力集中。竖向灰缝的存在造成了砌体的不连续性，块材截面突变引起应力集中，若灰缝又不饱满则不能保证砌体的完整性，因此在竖向灰缝处砖内将产生拉应力和剪应力的集中，从而加快砖的开裂，引起砌体抗压强度的降低。

## 二、影响抗压强度的因素

**1. 砖和砂浆的强度**

砖和砂浆的强度指标是确定砌体强度最主要的因素。砖和砂浆的强度高，砌体的抗压强度亦高。试验证明，提高砖的强度等级比提高砂浆强度等级对增大砌体抗压强度的效果好，一般情况下的砖砌体，当砖强度等级提高一级，砌体抗压强度只提高约15%，而当砂浆强度不变，砖强度等级提高一级，砌体抗压强度可提高约20%。由于砂浆强度等级提高后，水泥用量增多，因此，在砖的强度等级一定时，过高的提高砂浆强度等级并不适宜。但在毛石砌体中，提高砂浆强度等级对砌体抗压强度的影响较大。

### 2. 块材高度和块材外形

砌体强度随块材高度增加而增加。当砂浆强度相同时，块材高度大的砌体不但有较高的砌体强度，而且随块材强度提高，砌体强度提高得也快。块材的外形比较规则、平整，块材内弯矩、剪力的不利影响相对较小，从而使砌体强度相对较高。

### 3. 砂浆的弹塑性性质

砂浆具有较明显的弹塑性性质，在砌体内采用变形率大的砂浆，单块砖内受到的弯、剪应力和横向拉应力增大，对砌体抗压强度产生不利影响。

### 4. 砂浆铺砌时的流动性

砂浆的流动性大，容易铺成厚度和密实性较均匀的灰缝，因而可以减少在砖内产生的弯应力、剪应力，即可以在某种程度上提高砌体的抗拉抗压强度。采用混合砂浆代替水泥砂浆就是为了提高砂浆的流动性。纯水泥砂浆的流动性较差，所以纯水泥砂浆砌体强度降低5%～15%。但是，也不能过高地估计砂浆流动性对砌体强度的有利影响，因为砂浆的流动性大，一般在硬化后的变形率亦大，所以在某些情况下，可能砌体的强度反而会有降低。因此，最好的砂浆应当具有好的流动性，同时也有高的密实性。

### 5. 砌筑质量

砌体砌筑时水平灰缝的饱满度，水平灰缝的厚度，砖的含水率以及砌合方法等关系着砌体质量的优劣。由砌体的受压应力状态分析可知，砌筑质量对砌体抗压强度的影响，实质上是反映它对砌体内复杂应力作用的不利影响程度。试验表明，水平灰缝砂浆越饱满，砌体抗压强度越高。当水平灰缝砂浆饱满度为73%时，砌体抗压强度可达到规定的强度指标。因此，砌体施工及验收规范中，要求水平灰缝砂浆饱满度大于80%。砌筑黏土砖砌体时，砖应提前浇水湿润。研究表明，砌体的抗压强度随黏土砖砌筑时的含水率的增大而提高，采用干砖和饱和砖砌筑的黏土砖砌体与采用一般含水率的黏土砖砌筑的砌体相比较，抗压强度分别降低15%和提高10%。但黏土砖砌筑时的含水率对砌体抗剪强度的影响与此不同，在上述含水率时砌体抗剪强度均降低。此外，施工中黏土砖浇水过湿，在操作上有一定困难，墙面也会因流浆而不能保持清洁。因此，作为正常施工质量的标准，要求控制黏土砖的含水率为 10% ~ 15%。砌体内水平灰缝越厚，砂浆横向变形越大，砖内横向拉应力亦越大，砌体内的复杂应力状态亦随之加剧，砌体的抗压强度亦降低。通常要求砖砌体的水平灰缝厚度为 8 ~ 12 mm。砌体的砌合方法对砌体的强度和整体性的影响也很明显。通常采用的一顺一丁，梅花丁和三一丁法砌筑的砌体整体性好，砌体抗压强度可得到保证，但若采用包心砌法，由于砌体的整体性差，其抗压强度将大大降低。

### 6. 砖的形状

砖形状的规则程度显著地影响砌体强度。当表面歪曲时将砌成不同厚度的灰缝，因而增加了砂浆层的不均匀性，引起较大的附加弯曲应力并使砖过早断裂。在一批砖中某些砖块的厚度不同时，将使灰缝的厚度不同而起很坏的影响，这种因素可使砌体强度降低 25%。当砖的强度相同时，用灰砂砖和干压砖砌成的砌体，其抗压强度高于一般用塑压砖砌成的砌体。原因是前者的形状较后者整齐。所以，改善砖的这方面指标，也是制砖工业的重要任务之一。砖体的尺寸，尤其是砖块高度（厚度）对砌体抗压强度的影响较大。高度大的块体的抗弯、抗剪和抗拉能力增大，砌体抗压强度有明显的提高。但应注意，块体高度增大后，砌体受压时的脆性也有增大。

# 学习单元 3　砌筑工程常用材料的种类、性能、识别及质量要求

## 一、岩石的基本性质

### 1. 岩石的基本知识

（1）砌筑用岩石的定义

砌筑用岩石是指经机械或人工开采获得的毛料石和经过加工成块状、板状的石料，又称为石材。它质地坚固，可以加工成各种形状，既可作为承重结构使用，又可以作为装饰材料。

（2）分类

砌筑用石材按加工后外形的规则程度：分为料石和毛石两类。

1）料石。

细料石：通过细加工，外表规则，截面宽度、高度不小于 200 mm，且不小于

长度的 1/4。叠砌面凹入深度不大于 10 mm。可用于砌筑较高级房屋的台阶、勒脚、墙体等，也可用作高级房屋饰面的镶贴。

半细料石：规格尺寸同细料石。叠砌面凹入深度不大于 15 mm。可用于砌筑高级房屋的台阶、勒脚、墙体等，也可用作饰面的镶贴。

粗料石：规格尺寸同细料石。叠砌面凹入深度不大于 20 mm。在砌筑工程中常用于基础、房屋勒脚和毛石砌体的转角部位或单独砌筑墙体。

毛料石：外形大致方正，一般不加工或稍加修整，高度不小于 200 mm，叠砌面凹入深度不大于 25 mm。在砌筑工程中一般用于基础、挡土墙、护坡、堤坝和墙体等。

2）毛石：形状不规则，中部厚度不小于 200 mm。

（3）石材加工的质量要求

石材各面的加工要求，应符合表 2-23 的规定。

表 2-23　石材各面的加工要求　　　　　　　　mm

| 石材种类 | 外露面及相接周边的表面凹入深度 | 叠砌面和接砌面的表面凹入深度 |
| --- | --- | --- |
| 毛料石 | 稍加修整 | ≤25 |
| 粗料石 | ≤20 | ≤20 |
| 细料石 | ≤2 | ≤10 |

注：相接周边的表面是指叠砌面、接砌面与外露面相接处 20～30 mm 范围内的部分。

石材加工的允许偏差应符合表 2-24 的规定。

表 2-24　石材加工的允许偏差　　　　　　　　mm

| 石材种类 | 加工的允许偏差 | |
| --- | --- | --- |
| | 宽度、厚度 | 长度 |
| 毛料石 | ±10 | ±15 |
| 粗料石 | ±5 | ±7 |
| 细料石 | ±3 | ±5 |

注：如设计有特殊要求，应按设计要求加工。

**2. 砌筑用石材的物理性质**

（1）抗风化性及风化程度

岩石抗风化能力的强弱与其矿物组成、结构和构造状态有关。岩石的风化

程度用 $K_w$ 表示，$K_w$ 为该岩石与新鲜岩石单轴抗压强度的比值。岩石风化程度见表 2-25。

表 2-25 岩石风化程度表

| 风化程度 | $K_w$ 值 | 风化程度 | $K_w$ 值 |
| --- | --- | --- | --- |
| 新鲜（包括微风化） | 0.9 ~ 1.0 | 强风化 | 0.20 ~ 0.40 |
| 微风化 | 0.75 ~ 0.90 | 全风化 | <0 |
| 半风化 | 0.40 ~ 0.75 | | |

建筑物中所用的石料要求：质地均匀、无显著风化迹象，没有裂缝，不含易风化矿物。

（2）表观密度

表观密度是石材品质评价的粗略指标，同种石材表观密度越大，抗压强度越高，吸水率越小，耐久性越高。通常，表观密度大于 1 800 kg/m³ 称为重质石材，表观密度小于 1 800 kg/m³ 称为轻质石材。

（3）吸水性

岩石吸水性的大小与其孔隙率及孔隙特征有关。深成岩及许多变质岩，它们的孔隙率都很小，吸水率也较小。沉积岩的孔隙率及孔隙特征变化很大，吸水率波动也很大。吸水率低于 1.5% 为低吸水性岩石；吸水率高于 3.0% 为高吸水性岩石；吸水率介于 1.5% ~ 3.0% 为中吸水性岩石。石料吸水性对其强度、耐水性及抗冻性等都有很大影响。

（4）抗冻性

抗冻性取决于其矿物成分、结构、构造以及其风化程度。当石料中含有较多的黑云母、黄铁矿、黏土等矿物时，抗冻性较差；风化程度大者，抗冻性低。石材有抗冻性，要求经受 15 次、25 次或 50 次冻融循环，试件无贯穿裂缝，重量损失不超过 5%，强度降低不大于 25%，石材的性能见表 2-26。

表 2-26 石材的性能

| 石材名称 | 密度 /（kg/m³） | 抗压强度 /MPa |
| --- | --- | --- |
| 花岗岩 | 2 500 ~ 2 700 | 120 ~ 250 |
| 石灰岩 | 1 800 ~ 2 600 | 22 ~ 140 |
| 砂岩 | 2 400 ~ 2 600 | 47 ~ 140 |

（5）耐水性

经常与水接触的建筑物：石料的软化系数一般不应低于 0.75 ~ 0.90。

### 3. 砌筑用石材的力学性质

砌筑用石材的力学性质主要包括抗压强度、冲击韧性、耐磨性等。

（1）抗压强度

天然石料的强度取决于石料的矿物组成、晶粒粗细及构造的均匀性、孔隙率大小和岩石风化程度等。

石料强度一般变化都较大，具有层理构造的石料，其垂直层理方向的抗压强度较平行层理方向的高。

《砌体结构设计规范》（GB 50003—2011）石料的抗压强度等级，以三块边长为 70 mm 的立方体试件，用标准试验方法所测得极限抗压强度平均值（MPa）表示。按抗压强度值的大小，分为 7 个强度等级：MU100、MU80、MU60、MU50、MU40、MU30、MU20。

（2）冲击韧性

岩石的冲击韧性决定于其矿物组成及结构。

（3）耐磨性

石料的耐磨性是指它抵抗磨损和磨耗的性能。石料的耐磨性取决于其矿物组成、结构及构造。

## 二、常用胶凝材料的种类、性能

### 1. 石灰的基本知识

石灰是建筑工程中使用较早的矿物胶凝材料之一，其生产过程为将主要成分为碳酸钙和碳酸镁的岩石经高温煅烧（加热至 900 ℃以上），逸出 $CO_2$ 气体，得到的白色或灰白色的块状材料即为生石灰，其主要化学成分为氧化钙（CaO）和氧化镁（MgO）。由于其原料来源广泛，生产工艺简单，成本低廉，具有其特定的工程性能，所以至今仍广泛应用于建筑工程中。

（1）石灰的熟化

块状生石灰在使用前都要加水消解，这一过程称为"消解"或"熟化"，也可称之为"淋灰"，经消解后的石灰称为"消石灰"或"熟石灰"。生石灰在熟化过程有两个显著的特点：一是体积膨胀大（1 ~ 2.5 倍）；二是放热量大，放热速度快。

根据石灰熟化时加水量的不同，熟化方式分为以下两种。

淋灰：将生石灰块分层淋适量的水，使石灰充分熟化，又不会过湿成团，此时得到的产品就是熟石灰粉。

陈伏：将生石灰放入化灰池中，加大量的水，熟化成石灰膏。为了消除过火石灰的危害，生石灰熟化形成的石灰浆应在储灰坑中放置两周以上，这一过程称为石灰的"陈伏"。石灰浆表面应保有一层水分，与空气隔绝，以免碳化。

（2）石灰的性能

石灰与其他胶凝材料相比具有以下特性。

1）保水性、可塑性好。生石灰熟化为石灰浆时，能自动形成颗粒极细的呈胶体分散状态的氢氧化钙，表面吸附一层厚的水膜，因而保水性能好，且水膜层也大大降低了颗粒间的摩擦力。因此，用石灰膏制成的石灰砂浆具有良好的保水性和可塑性。在水泥砂浆中掺入石灰膏，可使砂浆的保水性和可塑性显著提高。

2）硬化慢、强度低。石灰浆体硬化过程的特点之一就是硬化速度慢。原因是空气中的二氧化碳浓度低，且碳化是由表及里，在表面形成较致密的壳，使外部的二氧化碳较难进入其内部，同时内部的水分也不易蒸发，所以硬化缓慢，硬化后的强度也不高，如 1∶3 石灰砂浆 28 天的抗压强度通常只有 0.2～0.5 MPa。

3）体积收缩大。体积收缩大是石灰在硬化过程中的另一特点，所以石灰除调成石灰乳液作薄层涂刷外，不宜单独使用，常掺入砂、纸筋等以减少收缩、限制裂缝的扩展。

4）耐水性差。石灰浆体在硬化过程中的较长时间内，主要成分仍是氢氧化钙（表层是碳酸钙），由于氢氧化钙易溶于水，所以石灰的耐水性较差。硬化中的石灰若长期受到水的作用，会导致强度降低，甚至会溃散。

5）吸湿性强。生石灰极易吸收空气中的水分熟化成熟石灰粉，所以生石灰长期存放应在密闭条件下，并应防潮、防水。

（3）石灰储运及保管

保管时应分类、分等级存放在干燥的仓库内，不宜长期存储。运输过程中要采取防水措施。由于生石灰遇水发生反应放出大量的热，所以生石灰不宜与易燃易爆物品共存、共运，以免酿成火灾。

存放时，可制成石灰膏密封或在上面覆盖砂土等方式与空气隔绝，防止硬化。

**2. 石膏的基本知识**

石膏是以硫酸钙为主要成分的传统气硬性胶凝材料，是建筑工程中使用常用的矿物胶凝材料之一。其生产过程是将天然二水石膏在110～170 ℃温度下煅烧得到β型半水硫酸钙再经磨细，称为建筑石膏。建筑石膏呈白色粉末，密度为2.60～2.75 g/cm³，堆积密度为800～1 000 kg/m³。

（1）石膏的凝结硬化

将建筑石膏与适量的水拌和后，最初成为可塑的浆体，但很快就失去塑性并产生强度，逐渐发展成为坚硬的固体，这种现象称为凝结硬化。该过程分为两个阶段，即水化阶段和凝结硬化阶段。

1）水化阶段。建筑石膏与水拌和后，半水石膏与水反应，还原为二水石膏。

2）凝结硬化阶段。石膏浆体中的自由水分因水化和蒸发逐渐减少，二水石膏胶体粒数量不断增加，浆体的稠度逐渐增大，可塑性逐渐减少，这一过程称为石膏的"凝结"。凝结分为初凝和终凝。在初凝阶段水化不断进行，石膏浆体逐渐变稠，可塑性逐渐减小；随着晶体颗粒的增多，颗粒间的摩擦力和黏结力逐渐增大，浆体的塑性很快下降直至消失，称为终凝。建筑石膏初凝时间不小于6 min，终凝时间不超过30 min。

凝结深入，浆体更稠，二水石膏胶体粒逐渐凝聚成晶体，晶体逐渐长大、共生、相互交错，形成结晶结构网，使浆体产生强度，并不断增长，直至完全干燥，晶体之间的摩擦力和黏结力不再增加，强度才停止发展，这一过程称为石膏的"硬化"。

（2）建筑石膏的特性

1）凝结硬化快。一般只需要数分钟至二三十分钟即可凝结。在室内自然干燥的条件下，完全硬化的时间大约需一星期。

2）硬化后体积微膨胀。硬化时产生0.5%～1%的膨胀，硬化体表面光滑，尺寸精准，造型棱角清晰饱满，装饰性好，特别适宜于制造复杂图案的装饰制品或艺术配件。

3）孔隙率大、密度小、强度低。建筑石膏水化的理论需水量为18.6%，施工时，为使石膏浆体具有必要的可塑性，通常加60%～80%的水。硬化后，多余水分蒸发，留下很大的孔隙率（占总体积的50%～60%），使体积密度减小（为800～1 000 kg/m³），强度较低，7天抗压强度为8～12 MPa。

4）耐水性、抗冻性差。建筑石膏制品的孔隙率大，且微溶于水，遇水后晶体溶解而引起破坏，软化系数为0.3～0.5，是不耐水材料。

5）具有一定的调温、调湿性。建筑石膏的热容量大，吸湿性强，故能调节室内温度和湿度，保持室内温湿度处于相对均衡的状态。

6）防火性好，但耐火性差。石膏的结晶水含量多，遇火时，结晶水吸收热量产生蒸发，形成蒸汽幕，阻止火势蔓延，起到防火的作用；同时表面生成的无水物为良好的绝缘体，起到防火作用。

（3）建筑石膏的主要技术要求和质量标准

1）主要技术要求：强度、细度、凝结时间。

2）质量等级：建筑石膏按 Zh（抗折）强度不同，分为 3.0、2.0 和 1.6 三个等级，见表 2-27。

表 2-27 建筑石膏技术要求

| 技术指标 | | 优等品 | 一等品 | 合格品 |
|---|---|---|---|---|
| Zh 强度 /MPa | 抗折强度≥ | 3.0 | 2.0 | 1.6 |
| | 抗压强度≥ | 6.0 | 4.0 | 3.0 |
| 细度 | 0.2 mm 方孔筛余 /% ≤ | 10 | | |
| 凝结时间 /min | 初凝时间≥ | 3 | | |
| | 终凝时间≤ | 30 | | |

（4）建筑石膏的运输和保管

运输建筑石膏时要注意防雨防潮。存储石膏时应分类分级存储于干燥的仓库内，存储期一般不宜超过 3 个月。

### 3. 水泥的基本知识

水泥是一种粉末状无机胶凝材料，加水拌和成塑性浆体后经物理化学作用可变成坚硬的石状体，并能将砂、石等材料胶结成为整体。它与水拌和后成为塑性胶体，既能在空气中硬化，又能在水中硬化。

（1）水泥的分类

水泥的品种很多，可从不同的角度进行分类。

1）按化学成分分类：硅酸盐水泥、铝酸盐水泥、硫铝酸盐水泥、氟铝酸盐水泥等。

2）按用途分类：通用水泥、专用水泥、特种水泥。

通用水泥：硅酸盐水泥、普通硅酸盐水泥、矿渣硅酸盐水泥、粉煤灰水泥、火山灰水泥等。

专用水泥：中、低热水泥，道路水泥，砌筑水泥等。

特种水泥：快硬硅酸盐水泥、抗硫酸盐水泥、膨胀水泥等。

我国水泥产量的约95%属于硅酸盐系列水泥。

（2）硅酸盐水泥

凡由硅酸盐水泥熟料、0%～5%石灰石或粒化高炉矿渣、适量的石膏磨细制成的水硬性胶凝材料，称为硅酸盐水泥，国外通称波特兰水泥。硅酸盐水泥分42.5、42.5R、52.5、52.5R、62.5、62.5R六个强度等级。

1）硅酸盐水泥的水化。水泥和水拌和—表面的熟料矿物立刻与水发生化学反应—各组分开始逐渐溶解—放出一定热量—固相体积也逐渐增加。水化反应为放热反应，其放出的热量称为水化热。其水化热大，放热的周期也较长，但大部分（50%以上）热量是在3天以内，特别是在水泥浆发生凝结硬化的初期放出。

2）凝结硬化。水泥加水拌和后的剧烈水化反应，一方面，使水泥浆中起润滑作用的自由水分逐渐减少；另一方面，水化产物在溶液中很快达饱和或过饱和状态而不断析出，水泥颗粒表面的新生物厚度逐渐增大，使水泥浆中固体颗粒间的间距逐渐减小，越来越多的颗粒相互连接形成了骨架结构。此时，水泥浆便开始慢慢失去可塑性，表现为水泥的初凝。

当掺入水泥的石膏消耗殆尽时，水泥颗粒表面的钙矾石覆盖层一旦被水泥水化物的积聚物所胀破，铝酸三钙等矿物的再次快速水化得以继续进行，水泥颗粒间逐渐相互靠近，直至连接形成骨架。水泥浆的塑性逐渐消失，直到终凝。

随着水化的不断进行，水化产物不断生成并填充颗粒之间空隙，毛细孔越来越少，使结构更加密实，水泥浆体逐渐产生强度而进入硬化阶段，浆体的强度逐渐提高并变成坚硬的石状固体水泥石。

（3）施工中影响硅酸盐水泥凝结硬化的主要因素

1）水泥浆的水灰比。水泥浆的水灰比是指水泥浆中水与水泥的质量之比。当水泥浆中加水较多时，水灰比较大，此时水泥的初期水化反应得以充分进行；但是水泥颗粒间原来被水隔开的距离较远，颗粒间相互连接形成骨架结构所需的凝结时间长，所以水泥浆凝结较慢。水泥浆的水灰比较大时，多余的水分蒸发后形成的孔隙较多，造成水泥石的强度较低，因此水泥浆的水灰比过大时，会明显降低水泥石的强度。

2）养护湿度和温度的影响

①湿度—应保持潮湿状态，保证水泥水化所需的化学用水。混凝土在浇筑后两到三周内必须加强洒水养护。

②温度—提高温度可以加速水化反应。如采用蒸汽养护和蒸压养护。冬季施工时，须采取保温措施。

3）养护龄期的影响。水泥水化硬化是一个较长时期不断进行的过程，随着龄期的增长水泥石的强度逐渐提高。水泥在 3～14 d 内强度增长较快，28 d 后增长缓慢。水泥强度的增长可延续几年，甚至几十年。

（4）混合材料

磨细水泥时掺入的人工的或天然的矿物材料称为混合材料，分为活性混合材料和非活性混合材料。其作用是改善水泥的性能，增加品种，提高产量，节约熟料，降低成本，扩大水泥的使用范围。

加水拌和本身并不硬化，但与石灰、石膏或硅酸盐水泥一起，加水拌和后能发生化学反应，生成有一定胶凝性的物质，且具有水硬性，这种混合材料称为活性混合材料。常用活性混合材料有粒化高炉矿渣、火山灰混合材料、粉煤灰等。

常见的非活性混合材料有石英砂、石灰石、黏土、慢冷矿渣、炉渣。

（5）通用硅酸盐水泥

通用硅酸盐水泥是以通用硅酸盐水泥熟料和适量的石膏，以及规定的混合材料制成的水硬性胶凝材料。按混合材料的品种和掺量分为硅酸盐水泥、普通水泥、矿渣水泥、火山灰水泥、粉煤灰水泥和复合水泥；按抗压、抗折强度分为以下强度：硅酸盐水泥分为 42.5、42.5R、52.5、52.5R、62.5、62.5R；普通硅酸盐水泥分为 42.5、42.5R、52.5、52.5R；矿渣硅酸盐、火山灰质、粉煤灰和复合水泥分为 32.5、32.5R、42.5、42.5R、52.5、52.5R。

1）通用硅酸盐水泥的物理指标

①凝结时间。凝结时间是指水泥从加水开始到失去流动性所需的时间，分为初凝和终凝。初凝时间为水泥从开始加水拌和起至水泥浆失去可塑性所需的时间；终凝时间为水泥从开始加水拌和起至水泥浆完全失去可塑性并开始产生强度所需的时间。硅酸盐水泥的初凝时间不得早于 45 min，终凝时间不得迟于 6.5 h。

②体积安定性。水泥浆体硬化后体积变化的均匀性称为水泥的体积安定性，即水泥硬化浆体能保持一定形状，不开裂，不变形，不溃散的性质。体积安定性不良的水泥应做废品处理，不得应用于工程中，否则将导致严重后果。

③细度（选择性指标）。细度是指水泥颗粒的粗细程度，是鉴定水泥品质的主要项目之一。水泥细度直接影响水化、凝结硬化、强度、干缩及水化热。水泥细度越细，凝结速度越快，早期强度越高；但过细则易与空气中的水分及二氧化碳

反应,并且硬化时收缩也较大,且成本高。

④强度。水泥强度见表2-28。

表2-28 水泥强度

| 品种 | 强度等级 | 抗压强度 | | 抗折强度 | |
| --- | --- | --- | --- | --- | --- |
| | | 3 d | 28 d | 3 d | 28 d |
| 硅酸盐水泥<br>代号:<br>P.Ⅰ<br>P.Ⅱ | 42.5 | ≥17.0 | ≥42.5 | ≥3.5 | ≥6.5 |
| | 42.5R | ≥22.0 | | ≥4.0 | |
| | 52.5 | ≥23.0 | ≥52.5 | ≥4.0 | ≥7.0 |
| | 52.5R | ≥27.0 | | ≥5.0 | |
| | 62.5 | ≥28.0 | ≥62.5 | ≥5.0 | ≥8.0 |
| | 62.5R | ≥32.0 | | ≥5.5 | |
| 普通硅酸盐水泥P.O | 42.5 | ≥17.0 | ≥42.5 | ≥3.5 | ≥6.5 |
| | 42.5R | ≥22.0 | | ≥4.0 | |
| | 52.5 | ≥23.0 | ≥52.5 | ≥4.0 | ≥7.0 |
| | 52.5R | ≥27.0 | | ≥5.0 | |
| 矿渣硅酸盐水泥、火山硅酸盐水泥、粉煤灰硅酸盐水泥、复合硅酸盐水泥（代号:P.C） | 32.5 | ≥10.0 | ≥32.5 | ≥2.5 | ≥5.5 |
| | 32.5R | ≥15.0 | | ≥3.5 | |
| | 42.5 | ≥15.0 | ≥42.5 | ≥3.5 | ≥6.5 |
| | 42.5R | ≥19.0 | | ≥4.0 | |
| | 52.5 | ≥21.0 | ≥52.5 | ≥4.0 | ≥7.0 |
| | 52.5R | ≥23.0 | | ≥4.5 | |

2）通用硅酸盐水泥的特性和适用范围见表2-29。

表2-29 通用硅酸盐水泥的特性和适用范围

| | 硅酸盐水泥 | 普通硅酸盐水泥 | 矿渣硅酸盐水泥 | 火山灰水泥 | 粉煤灰水泥 |
| --- | --- | --- | --- | --- | --- |
| 成分 | 水泥熟料及少量石膏 | 在硅酸盐水泥中掺活性混合材料15%以下或非活性混合材料10%以下 | 在硅酸盐水泥中掺入20%～70%的粒化高炉矿渣 | 在硅酸盐水泥中掺入20%～50%火山灰质混合材料 | 在硅酸盐水泥中掺入20%～40%粉煤灰 |

续表

| | 硅酸盐水泥 | 普通硅酸盐水泥 | 矿渣硅酸盐水泥 | 火山灰水泥 | 粉煤灰水泥 |
|---|---|---|---|---|---|
| 特性 | 早期强度高；水化热较大；抗冻性较好；耐蚀性较差；干缩较小 | 与硅酸盐水泥基本相同 | 早期强度低，后期强度增长较快；水化热较低；耐蚀性较强；抗冻性差；干缩较大 | 早期强度低；后期强度增长较快；水化热较低；耐蚀性较强；抗渗性好；抗冻性差；干缩性大 | 早期强度低；后期强度增长较快；水化热较低；耐蚀性较强；抗冻性差；干缩性小；抗裂性较高 |
| 适用范围 | 一般土建工程中钢筋混凝土结构；受反复冻融的结构；配制高强混凝土 | 与硅酸盐水泥基本相同 | 高温车间和有耐热耐火要求的混凝土结构；大体积混凝土结构；蒸汽养护的构件；有抗硫酸盐侵蚀要求的工程 | 地下、水中大体积混凝土结构和有抗渗要求的混凝土结构；有抗硫酸盐侵蚀要求的工程 | 地上、地下及水中大体积混凝土构件；抗裂性要求较高的构件；有抗硫酸盐侵蚀要求的工程 |
| 不适用范围 | 大体积混凝土结构；受化学及海水侵蚀的工程 | 与硅酸盐水泥基本相同 | 早期强度要求高的工程；有抗冻要求的混凝土工程 | 处在干燥环境中的混凝土工程；其他同矿渣水泥 | 有抗碳化要求的工程；其他同矿渣水泥 |

（6）砌筑专用硅酸盐水泥

凡由一种或一种以上的水泥混合材料，加入适量的硅酸盐水泥熟料和石膏，经磨细制成的工作性较好的水硬性胶凝材料，称为砌筑水泥，代号 M。

活性混合材料可采用矿渣、粉煤灰、煤矸石、沸腾炉渣、沸石等。水泥中混合材料掺加量按质量百分比计应大于 50%，允许掺入适量的石灰石或窑灰。

1）技术要求

①水泥强度等级：分为两个强度等级，即 12.5、22.5，见表 2-30。

表 2-30　12.5、22.5 水泥强度等级表

| 强度等级 | 抗压强度 | | 抗折强度 | |
|---|---|---|---|---|
| | 7 d | 28 d | 7 d | 28 d |
| 12.5 | 7.0 | 12.5 | 1.5 | 3.0 |
| 22.5 | 10.0 | 22.5 | 2.0 | 4.0 |

②水泥中的 $SO_3$ 含量不得超过 4%。

③水泥细度以 0.080 mm 方孔筛筛余计，不得超过 10%。

④水泥的凝结时间初凝不得早于 60 min，终凝应小于 12 h。

⑤水泥的安定性试验，必须合格。

⑥保水率应不低于 80%。

2）特性和适用范围。强度低、硬化慢、和易性好、保水性好，适用于砌筑和抹面砂浆，垫层混凝土等。生产垫块和压瓦，不应用于结构混凝土。

（7）水泥储存

1）袋装水泥储存方法。库房内储存，库房地面应有防潮措施。库内应保持干燥，防止雨露浸入。堆放时，应按品种、强度等级（或标号）、出厂编号、到货先后或使用顺序排列成垛。堆垛高度以不超过 12 袋为宜。堆垛应至少离开四周墙壁 20 cm，各垛之间应留置宽度不小于 70 cm 的通道。

当限于条件，水泥露天堆放时，应在距地面不少于 30 cm 垫板上堆放，垫板下不得积水。水泥堆垛必须用布覆盖严密，防止雨露浸入使水泥受潮。

水泥存储期过长，其活性将会降低。一般存储 3 个月以上的水泥，强度降低 10% ~ 20%；6 个月降低 15% ~ 30%；1 年后降低 25% ~ 40%。对已进场的每批水泥，根据在场的存放情况重新采样检验其强度和安全性。

存放期超过 3 个月的通用水泥和存放期超过 1 个月的快硬水泥，使用前必须复验，并按复验结果使用。

2）散装水泥。散装水泥宜在仓库中储存，不同品种和强度等级（或标号）的水泥不得混仓，并应定期清仓。水泥库的地面和外墙内侧应进行防潮处理。

## 三、砌筑砖

砌筑砖的种类很多，按生产工艺不同可分为烧结砖和非烧结砖，其中非烧结砖又可分为压制砖、蒸养砖和蒸压砖等；按有无孔洞可分为空心砖和实心砖；按所用原材料分，有黏土砖、页岩砖、煤矸石砖、粉煤灰砖等。

**1. 烧结普通砖**

（1）烧结普通砖的种类

烧结普通砖是以黏土、页岩、煤矸石和粉煤灰、建筑渣土、淤泥、污泥等为主要原料，经成型、焙烧而成主要用于建筑物承重部位的砖。按主要原料分为黏土砖（N）、页岩砖（Y）、粉煤灰砖（F）、煤矸石砖（M）、建筑渣土砖（Z）、淤泥砖（U）、污泥砖（W）和固体废物砖（G）。

烧结普通砖为长方体，其标准尺寸为 240 mm×115 mm×53 mm，加上砌筑灰缝的厚度，则 4 块砖长，8 块砖宽，16 块砖厚分别为 1 m，每 1 m³ 砖砌体需用砖 512 块。

（2）烧结普通砖的强度等级

烧结普通砖的强度等级根据 10 块砖的抗压强度平均值、标准值或最小值划分，共分为 MU30、MU25、MU20、MU15、MU10 五个等级。

（3）烧结普通砖的技术要求与进场验收

烧结普通砖进场时由厂家提供产品质量合格证等质量证明文件；检查产品种类、强度等级、规格与数量是否与订购单一致；按 3.5 万～15 万块为一批进行抽样检查，检测烧结砖的尺寸偏差、外观质量、泛霜和石灰爆裂等，送样到材料检测单位复验强度。

烧结砖尺寸偏差应符合表 2-31 的要求。

表 2-31 烧结砖尺寸偏差　　　　　　　　　　　　mm

| 公称尺寸 | 指标 | |
|---|---|---|
| | 平均偏差 | 极差≤ |
| 240 | ±2.0 | 6.0 |
| 115 | ±1.5 | 5.0 |
| 53 | ±1.5 | 4.0 |

烧结砖外观质量检查，应符合表 2-32 的要求。

表 2-32 烧结砖外观质量要求　　　　　　　　　　mm

| 项目 | | 合格品 |
|---|---|---|
| 两条面高度差≤ | | 2 |
| 弯曲≤ | | 2 |
| 杂质凸出高度≤ | | 2 |
| 缺棱掉角的三个破坏尺寸不得同大于 | | 5 |
| 裂纹长度≤ | A：大面宽度方向 | 30 |
| | B：大面长度方向 | 50 |
| 完整面不少于 | | 一条面和一顶面 |

欠火砖、酥砖和螺旋纹砖检查。欠火砖颜色浅、敲击时声音喑哑、强度低、吸水率大、耐久性差。酥砖会出现破碎、起壳、掉角、裂纹等"症状",强度低、受力呈粉末状。产品中不允许有欠火砖、酥砖和螺旋纹砖。

检查烧结砖的泛霜、石灰爆裂。泛霜是可溶性盐类在砖或砌块表面析出的现象,一般为白色粉末状或絮团状。泛霜不仅有损建筑外观,而且结晶膨胀也会引起砖表层的酥松和剥落。每块砖不得有严重泛霜。

检查石灰爆裂。石灰爆裂是原料中夹带石灰石,在焙烧过程中生成过火石灰,过火石灰在砖内吸水膨胀,导致砖爆裂破坏。最大破坏尺寸为 2～15 mm 的区域不得多于 15 处,其中大于 10 mm 的不多于 7 处;不得有最大破坏尺寸大于 15 mm 爆裂区;试验后抗压强度损失不得大于 5 MPa。

**2. 烧结多孔砖和烧结空心砖**

(1) 烧结多孔砖

烧结多孔砖(图 2-63)以黏土、页岩、煤矸石、粉煤灰、淤泥(江河湖淤泥)及其他固体废弃物等为主要原料,经焙烧而成,孔洞率不大于 35%,孔的尺寸小而数量多,孔型均为矩形孔或矩形条孔,多孔砖的外型一般为直角六面体,在与砂浆的结合面上应设有增加结合力的粉刷槽和砌筑砂浆槽,主要用于承重部位。

烧结多孔砖的强度分为 MU30、MU25、MU20、MU15、MU10 共 5 个强度等级,密度等级分为 1 000/1 100/1 200/1 300 四个等级,砖规格尺寸(mm):290、240、190、180、140、115、90。

(2) 烧结空心砖

烧结空心砖(图 2-64)是以黏土、页岩、煤矸石等为主要原料,经焙烧制成的孔洞率不小于 40%,孔洞数量少、尺寸大、且为水平孔,主要用于非承重墙和填充墙的烧结砖。

烧结空心砖抗压强度分为 MU10.0、MU7.5、MU5.0、MU3.5 四个强度等级,同

图 2-63 烧结多孔砖

图 2-64 烧结空心砖

时按表观密度分为 1 100、1 000、900、800 四个密度等级。

普通烧结砖有自重大、体积小、生产能耗高、施工效率低等缺点，用烧结多孔砖和烧结空心砖代替烧结普通砖，可使建筑物自重减轻 30% 左右，节约黏土 20%～30%，节省燃料 10%～20%，墙体施工功效提高 40%，并改善砖的隔热隔声性能。通常在相同的热工性能要求下，用空心砖砌筑的墙体厚度比用实心砖砌筑的墙体减薄半砖左右，所以推广使用多孔砖和空心砖是加快我国墙体材料改革，促进墙体材料工业技术进步的重要措施之一。

### 3. 非烧结砖

非烧结砖又称免烧砖，如蒸养砖、蒸压砖、碳化砖等，其中蒸压砖应用较广泛。其主要品种有灰砂砖、粉煤灰砖、混凝土多孔砖等。这些砖的强度较高，可以替代烧结普通砖使用。

（1）蒸压灰砂砖

蒸压灰砂砖是以石灰和砂为主要原料，经坯料制备、压制成型和蒸压养护而成。蒸压灰砂砖根据抗压强度分为 MU25、MU20、MU15、MU10 四个等级。

蒸压灰砂砖组织致密，强度高、大气稳定性好、干缩小、外形光滑平整、尺寸偏差小，色泽淡灰，可加入矿物颜料制成各种颜色的砖，具有较好的装饰效果。强度等级大于 MU15 的砖可用于基础，MU10 的砖可用于砌筑防潮层以上的墙体。

长期使用温度高于 200 ℃ 以及承受急冷、急热或有酸性介质侵蚀的建筑部位应避免使用灰砂砖。灰砂砖耐水性好，但抗流水冲刷能力较弱，可长期在潮湿、不受冲刷的环境中使用。

（2）蒸压粉煤灰砖

蒸压粉煤灰砖（图 2-65）是用粉煤灰和石灰为主要原料，掺加适量石膏和炉渣，压制成型，通过常压或高压蒸汽养护而制成的一种墙体材料。

蒸压粉煤灰砖的强度等级分为 MU30、MU25、MU20、MU15 和 MU10 五个等级。

用粉煤灰砖砌筑的建筑物，应适当增设圈梁及伸缩缝，以避免或减少收缩裂缝，粉煤灰砖不得用于长期受热 200 ℃ 以上、受急冷、急热和有酸性介质侵蚀的部位。

（3）承重混凝土多孔砖

承重混凝土多孔砖是以水泥为胶结材料，

图 2-65　蒸压粉煤灰砖

与砂、石等骨料加水搅拌、成型和养护而制成的一种应用于承重结构的多排孔的混凝土制品。强度等级分为 MU25、MU20 和 MU15 三个等级。

承重混凝土多孔砖兼具黏土砖和混凝土小型砌块的特点，外形特征属于烧结多孔砖，材料与混凝土小型空心砌块类同，符合砖砌体施工习惯，各项物理、力学性能均具备代替烧结黏土砖的条件，可直接替代烧结黏土砖用于各类承重、保温承重和框架填充等不同墙体结构中，具有广泛的推广应用前景。

**4. 蒸压加气混凝土砌块**

（1）蒸压加气混凝土砌块的规格与等级

蒸压加气混凝土砌块（图 2-66）是以钙质材料（水泥、石灰）和硅质材料（砂、矿渣和粉煤灰）加入铝粉作加气剂，经成型、切割、蒸压养护而成的多孔轻质块体材料。

蒸压加气混凝土砌块的规格尺寸应符合表 2-33 要求。按抗压强度分为 A10.0、A7.5、A5.0、A3.5、A2.5、A2.0、A1.0 七个等级，按干表观密度分为 B03、B04、B05、B06、B07、B08 六个等级。

图 2-66　加气混凝土砌块

表 2-33　蒸压加气混凝土砌块的规格尺寸　　　　mm

| 长度 | 宽度 | | | 高度 | | |
|---|---|---|---|---|---|---|
| 600 | 100 | 120 | 125 | 200 | 240 | 250　300 |
|  | 150 | 180 | 200 |  |  |  |
|  | 240 | 250 | 300 |  |  |  |

注：其他规格，可由供需双方协商解决。

（2）蒸压加气混凝土砌块的性能与应用

蒸压加气混凝土砌块由于其多孔构造，表观密度小，只相当于黏土砖和灰砂砖的 1/3，普通混凝土的 1/5，可以使整个建筑的自重比普通砖混结构降低 40% 以上。由于建筑自重减轻，所以大大提高建筑物的抗震能力。同时砌块具有保温隔热、隔音，加工性能好、施工方便、耐火等特点。其缺点是干燥收缩较大，易出现与砂浆层黏结不牢现象。

蒸压加气混凝土砌块适用于低层建筑的承重墙，多层和高层建筑的隔墙、填充墙及工业建筑的绝热材料，在无安全防护措施的情况下，不得用于建筑物基础和有侵蚀作用的环境中，也不得用于水中或高湿度环境中。

（3）蒸压加气混凝土砌块的进场验收

1）进场产品应有产品质量说明书。说明书应包括生产厂名、商标、产品标记、本批产品主要技术性能和生产日期。核对品种、规格、等级与数量是否与采购单一致。

2）尺寸偏差和外观质量应符合表 2-34 要求。

表 2-34 蒸压加气混凝土砌块尺寸偏差和外观质量

| 项目 | | 优等品（A） | 合格品（B） |
| --- | --- | --- | --- |
| 尺寸允许偏差 /mm | 长度 | ±3 | ±4 |
| | 宽度 | ±1 | ±2 |
| | 高度 | ±1 | ±2 |
| 缺棱掉角 | 最小尺寸 /mm ≤ | 0 | 30 |
| | 最大尺寸 /mm ≤ | 0 | 70 |
| | 大于以上尺寸的缺棱掉角个数 ≤ | 0 | 2 |
| 裂纹长度 | 贯穿一棱两面的裂纹长度不得大于裂纹所在面的裂纹方向尺寸总和的 | 0 | 1/3 |
| | 任一面上的裂纹长度不得大于裂纹方向尺寸的 | 0 | 1/2 |
| | 大于以上尺寸的裂纹条数 ≤ | 0 | 2 |
| 爆裂、粘模和损坏深度 /mm ≤ | | 10 | 30 |
| 平面弯曲 | | 不允许 | |
| 表面疏松、层裂 | | 不允许 | |
| 表面油污 | | 不允许 | |

（4）蒸压加气混凝土砌块的储运

蒸压加气混凝土砌块运输时，宜成垛绑扎或有其他包装。运输装卸时，宜用专用机具，严禁摔、掷、翻斗卸货。砌块应存放 5 天以上后出厂。砌块储存堆放应做到：场地平整，同品种、同规格分级分等，整齐稳安，宜有防雨措施。

**5. 蒸养粉煤灰砌块**

蒸养粉煤灰砌块（图 2-67）是一种新型材料，是以粉煤灰、水泥、各种轻重骨料、水为主要组分，经拌和、蒸养制成的小型空心砌块，其中粉煤灰用量不应低于原材料重量的 20%，水泥用量不低于原材

图 2-67 蒸养粉煤灰小型空心砌块

料重量的 10%。适用于非承重墙和填充墙。

按孔的排数分为：单排孔、双排孔、多排孔三类。主规格尺寸为 390 mm × 190 mm × 190 mm。按抗压强度分为 MU20、MU15、MU10、MU7.5、MU5、MU3.5 六个强度等级。

粉煤灰小型空心砌块有较好的韧性，不易脆裂，抗震性能好，而且电锯切割开槽、冲击钻钻孔、人工钻凿洞时，均不易引起砌块破损，有利于装修及暗埋管线，同时运输装卸过程中也不易损坏。有良好的保温性能和抗渗性，190 系列的单排孔粉煤灰小型空心砌块的保温性能超过 240 黏土砖墙。粉煤灰小型砌块所用原料中，粉煤灰和炉渣等工业废料占 80%，水泥用量比同强度的混凝土小型空心砌块少 30%，因而成本低，具有良好的经济效益和社会效益。

### 6. 普通混凝土小型空心砌块

普通混凝土小型砌块（图 2-68）是以水泥为胶结材料，砂、碎石或卵石、煤矸石、炉渣为集料，经加水搅拌、振动加压或冲压成型、养护而成的墙体材料。砌块按空心率分为空心砌块（空心率大于 25%）和实心砌块；按砌筑结构受力分为承重和非承重砌块。

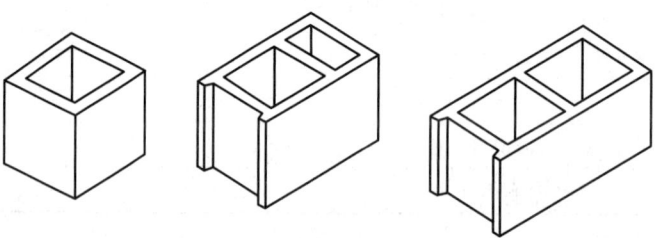

图 2-68 普通混凝土小型空心砌块

混凝土小型砌块规格尺寸应符合表 2-35 要求。

表 2-35 混凝土小型砌块规格尺寸　　　　　　　　　　　mm

| 长度 | 宽度 | 高度 |
| --- | --- | --- |
| 390 | 90、120、140、190、240、290 | 90、140、190 |

注：其他规格尺寸供需双方协商确定。

混凝土小型砌块强度等级符合表 2-36 要求。

砌块在砌筑时一般不宜浇水，但在气候特别干燥炎热时，可在砌筑前稍喷水湿润。装饰混凝土小型空心砌块，外饰面有劈裂、磨光和条纹等面型，做清水墙时不需另作外装饰。

表 2-36　混凝土小型砌块强度等级

| 砌块种类 | 承重砌块（L） | 非承重砌块（N） |
|---|---|---|
| 空心砌块（H） | 7.5、10.0、15.0、20.0、25.0 | 5.0、7.5、10.0 |
| 实心砌块（S） | 15.0、20.0、25.0、30.0、35.0、40.0 | 10.0、15.0、20.0 |

#### 7. 轻骨料混凝土小型空心砌块

轻骨料混凝土小型空心砌块是由轻骨料混凝土拌和物，经砌块成型机成型、养护制成的一种空心率大于 25%，表观密度小于 1 400 kg/m³ 的轻质墙体材料。

按所用原料可分为天然轻骨料（如浮石、火山渣）混凝土小砌块；工业废渣类骨料（如煤渣、自燃煤矸石）混凝土小砌块；人造轻骨料（如黏土陶粒、页岩陶粒、粉煤灰陶粒）混凝土小砌块。按孔的排数分为单排孔、双排孔、三排孔和四排孔四类。主规格尺寸为 390 mm × 190 mm × 190 mm。

轻骨料混凝土小型空心砌块按干表观密度可分为 700、800、900、1 000、1 100、1 200、1 300、1 400 八个等级，按抗压强度可分为 MU2.5、MU3.5、MU5.0、MU7.5、MU10.0 五个等级。

轻骨料混凝土小砌块具有轻质、保温隔热性能好、抗震性能好等特点，在保温隔热要求较高的维护结构中应用广泛，是取代普通黏土砖的最有发展前途的墙体材料之一。

### 四、砌体抗压强度

#### 1. 砌体轴心抗压强度平均值

近年来对各类砌体抗压强度的试验研究表明，各类砌体轴心抗压强度的平均值，主要取决于块体的抗压强度平均值，其次是砂浆的抗压强度平均值。规范给出了适用于各类砌体的轴心抗压强度平均值 $f_m$ 的通用表达式：

$$f_m = k_1 f_1 \alpha (1+0.07 f_2) k_2$$

式中：$f_m$——砌体的轴心抗压强度平均值，MPa；

　　　$f_1$——块体的抗压强度平均值，MPa；

　　　$f_2$——砂浆的抗压强度平均值，MPa；

　　　$k_1$——与砌体类别和砌筑方式有关的系数，见表 2-37；

　　　$k_2$——砂浆强度对砌体强度的修正系数，见表 2-37；

　　　$\alpha$——与块体高度有关的参数，见表 2-37。

表2-37 各类砌体轴心抗压强度平均值

| 砌体种类 | $k_1$ | $\alpha$ | $k_2$ |
| --- | --- | --- | --- |
| 烧结普通砖、烧结多孔砖、蒸压灰砂砖、蒸压粉煤灰砖 | 0.78 | 0.5 | 当$f_2<1$时，$k_2=0.6+0.4f_2$ |
| 混凝土砌块 | 0.46 | 0.9 | 当$f_2=0$时，$k_2=0.8$ |
| 毛料石 | 0.79 | 0.5 | 当$f_2<1$时，$k_2=0.6+0.4f_2$ |
| 毛石 | 0.22 | 0.5 | 当$f_2<2.5$时，$k_2=0.4+0.24f_2$ |

注：1) $k_2$ 在表列条件以外时均等于1.0；
2) 混凝土砌块砌体的轴心抗压强度平均值，当$f_2>10$ MPa时，应乘以系数$1.1-0.01f_2$。

MU20的砌体应乘系数0.95，且满足当$f_1 \geq f_2$，$f_1 \leq 20$ MPa。

砌体轴心抗拉强度平均值（$f_t, m$）、弯曲抗拉强度平均值（$f_{tm}, m$）和抗剪强度平均值（$f_v, m$）见表2-38。

表2-38 轴心抗拉强度平均值、弯曲抗拉强度平均值、抗剪强度平均值

| 砌体种类 | $f_t, m=k_3\sqrt{f_2}$ | $f_{tm}, m=k_4\sqrt{f_2}$ | | $f_v, m=k_5\sqrt{f_2}$ |
| --- | --- | --- | --- | --- |
| | $k_3$ | $k_4$ | | $k_5$ |
| | | 沿齿缝 | 沿通缝 | |
| 烧结普通砖、烧结多孔砖 | 0.141 | 0.250 | 0.125 | 0.125 |
| 蒸压灰砂砖、蒸压粉煤灰砖 | 0.09 | 0.18 | 0.09 | 0.09 |
| 混凝土砌块 | 0.069 | 0.081 | 0.056 | 0.069 |
| 毛石 | 0.075 | 0.113 | — | 0.188 |

## 2. 砖砌体的抗压强度标准值

砌体强度标准值取具有95%保证率的强度值，砌体强度标准值与强度平均值$f_k$的关系为：

$$f_k = f_m(2-1.645\delta_f)$$

式中：$\delta_f$——各类砌体的抗压强度变异系数，见表2-39。

## 3. 各类砌体的强度标准值

各类砌体强度标准值见表2-40～表2-43。

表 2-39　砌体强度的变异系数 $\delta_f$

| 砌体类别 | 抗压强度变异系数 | 抗拉、抗弯和抗剪强度变异系数 |
|---|---|---|
| 烧结普通砖、混凝土小型砌块、毛料石 | 0.17 | 0.20 |
| 毛石 | 0.4 | 0.26 |

表 2-40　砖砌体的抗压强度标准值 $f_k$　　MPa

| 砖强度等级 | 砂浆强度等级 | | | | | 砂浆强度 |
| | M15 | M10 | M7.5 | M5 | M2.5 | 0 |
|---|---|---|---|---|---|---|
| MU30 | 6.30 | 5.23 | 4.69 | 4.15 | 3.61 | 1.84 |
| MU25 | 5.75 | 4.77 | 4.28 | 3.79 | 3.30 | 1.68 |
| MU20 | 5.15 | 4.27 | 3.83 | 3.39 | 2.95 | 1.50 |
| MU15 | 4.46 | 3.70 | 3.32 | 2.94 | 2.56 | 1.30 |
| MU10 | 3.64 | 3.02 | 2.71 | 2.40 | 2.09 | 1.07 |

表 2-41　混凝土砌块砌体的抗压强度标准值 $f_k$　　MPa

| 砌块强度等级 | 砂浆强度等级 | | | | 砂浆强度 |
| | M15 | M10 | M7.5 | M5 | 0 |
|---|---|---|---|---|---|
| MU20 | 9.08 | 7.93 | 7.11 | 6.30 | 3.73 |
| MU15 | 7.38 | 6.44 | 5.78 | 5.12 | 3.03 |
| MU10 | — | 4.47 | 4.01 | 3.55 | 2.10 |
| MU7.5 | — | — | 3.10 | 2.74 | 1.62 |
| MU5 | — | — | — | 1.90 | 1.13 |

表 2-42　毛料石砌体的抗压强度标准值 $f_k$　　MPa

| 料石强度等级 | 砂浆强度等级 | | | 砂浆强度 |
| | M7.5 | M5 | M2.5 | 0 |
|---|---|---|---|---|
| MU100 | 8.67 | 7.68 | 6.68 | 3.41 |
| MU80 | 7.76 | 6.87 | 5.98 | 3.05 |
| MU60 | 6.72 | 5.95 | 5.18 | 2.64 |

续表

| 料石强度等级 | 砂浆强度等级 | | | 砂浆强度 |
|---|---|---|---|---|
| | M7.5 | M5 | M2.5 | 0 |
| MU50 | 6.13 | 5.43 | 4.72 | 2.41 |
| MU40 | 5.49 | 4.86 | 4.23 | 2.16 |
| MU30 | 4.75 | 4.20 | 3.66 | 1.87 |
| MU20 | 3.88 | 3.43 | 2.99 | 1.53 |

表2-43 毛石砌体的抗压强度标准值 $f_k$  MPa

| 毛石强度等级 | 砂浆强度等级 | | | 砂浆强度 |
|---|---|---|---|---|
| | M7.5 | M5 | M2.5 | 0 |
| MU100 | 2.03 | 1.80 | 1.56 | 0.53 |
| MU80 | 1.82 | 1.61 | 1.40 | 0.48 |
| MU60 | 1.57 | 1.39 | 1.21 | 0.41 |
| MU50 | 1.44 | 1.27 | 1.11 | 0.38 |
| MU40 | 1.28 | 1.14 | 0.99 | 0.34 |
| MU30 | 1.11 | 0.98 | 0.86 | 0.29 |
| MU20 | 0.91 | 0.80 | 0.70 | 0.24 |

沿砌体灰缝截面破坏时的轴心抗拉强度标准值 $f_{t,k}$、弯曲抗拉强度标准值 $f_{tm,k}$ 和抗剪强度标准值 $f_{v,k}$ 见表2-44。

表2-44 轴心抗拉强度标准值、弯曲抗拉强度标准值、抗剪强度标准值  MPa

| 强度类别 | 破坏特征 | 砌体种类 | 砂浆强度等级 | | | |
|---|---|---|---|---|---|---|
| | | | ≥M10 | M7.5 | M5 | M2.5 |
| 轴心抗拉 | 沿齿缝 | 烧结普通砖、烧结多孔砖、混凝土普通砖、混凝土多孔砖 | 0.30 | 0.26 | 0.21 | 0.15 |
| | | 蒸压灰砂普通砖、蒸压粉煤灰普通砖 | 0.19 | 0.16 | 0.13 | — |
| | | 混凝土砌块 | 0.15 | 0.13 | 0.10 | — |
| | | 毛石 | — | 0.12 | 0.10 | 0.07 |
| 弯曲抗拉 | 沿齿缝 | 烧结普通砖、烧结多孔砖、混凝土普通砖、混凝土多孔砖 | 0.53 | 0.46 | 0.38 | 0.27 |
| | | 蒸压灰砂普通砖、蒸压粉煤灰普通砖 | 0.38 | 0.32 | 0.26 | — |
| | | 混凝土砌块 | 0.17 | 0.15 | 0.12 | — |
| | | 毛石 | — | 0.18 | 0.14 | 0.10 |

续表

| 强度类别 | 破坏特征 | 砌体种类 | 砂浆强度等级 ≥M10 | M7.5 | M5 | M2.5 |
|---|---|---|---|---|---|---|
| 弯曲抗拉 | 沿通缝 | 烧结普通砖、烧结多孔砖、混凝土普通砖、混凝土多孔砖 蒸压灰砂普通砖、蒸压粉煤灰普通砖 混凝土砌块 | 0.27 0.19 — | 0.23 0.16 0.10 | 0.19 0.13 0.08 | 0.13 — — |
| 抗剪 | | 烧结普通砖、烧结多孔砖、混凝土普通砖、混凝土多孔砖 蒸压灰砂普通砖、蒸压粉煤灰普通砖混凝土砌块 毛石 | 0.27 0.19 0.15 — | 0.23 0.16 0.13 0.29 | 0.19 0.13 0.10 0.24 | 0.13 — — 0.17 |

**4. 砌体的抗压强度设计值**

砌体的抗压强度设计值是在承载能力极限状态设计时采用的强度代表值,可按下式确定:

$$f_c = \frac{f_k}{\gamma^f}$$

式中:$\gamma^f$——砌体结构的材料分项系数,一般情况下宜按施工控制等级为 B 级考虑,取 $\gamma^f = 1.6$。

根据《砌体结构设计规范》(GB 50003—2011),龄期为 28 d 的以毛截面面积计算的各类砌体抗压强度设计值,当施工质量控制等级为 B 级时,应根据块体和砂浆的强度等级分别按表 2-45~表 2-51 采用。当施工质量控制等级为 C 级时,表中数值应乘以调整系数 0.89;当施工质量为 A 级时,可将表中砌体强度设计值提高 5%。施工质量控制等级的选择主要根据设计和建设单位商定,并在工程设计图中明确设计采用的施工质量控制等级。

表 2-45  烧结普通砖和烧结多孔砖砌体的抗压强度设计值  MPa

| 砖强度等级 | 砂浆强度等级 | | | | | 砂浆强度 |
| | M15 | M10 | M7.5 | M5 | M2.5 | 0 |
|---|---|---|---|---|---|---|
| MU30 | 3.94 | 3.27 | 2.93 | 2.59 | 2.26 | 1.15 |
| MU25 | 3.60 | 2.98 | 2.68 | 2.37 | 2.06 | 1.05 |
| MU20 | 3.22 | 2.67 | 2.39 | 2.12 | 1.84 | 0.94 |
| MU15 | 2.97 | 2.31 | 2.07 | 1.83 | 1.60 | 0.82 |
| MU10 | — | 1.89 | 1.69 | 1.50 | 1.30 | 0.67 |

注:当烧结多孔砖的孔洞率大于 30% 时,表中数值乘以 0.9。

表 2-46　混凝土普通砖和混凝土多孔砖砌体的抗压强度设计值　MPa

| 砌块强度等级 | 砂浆强度等级 | | | | | 砂浆强度 |
|---|---|---|---|---|---|---|
| | Mb20 | Mb15 | Mb10 | Mb7.5 | Mb5 | 0 |
| MU30 | 4.61 | 3.94 | 3.27 | 2.93 | 2.59 | 1.15 |
| MU25 | 4.21 | 3.60 | 2.98 | 2.68 | 2.37 | 1.05 |
| MU20 | 3.77 | 3.22 | 2.67 | 2.39 | 2.12 | 0.94 |
| MU10 | — | 2.79 | 2.31 | 2.07 | 1.83 | 0.82 |

表 2-47　蒸压灰砂普通砖和蒸压粉煤灰普通砖砌体的抗压强度设计值　MPa

| 砖强度等级 | 砂浆强度等级 | | | | 砂浆强度 |
|---|---|---|---|---|---|
| | M15 | M10 | M7.5 | Mb5 | 0 |
| MU25 | 3.60 | 2.98 | 2.68 | 2.37 | 1.05 |
| MU20 | 3.22 | 2.67 | 2.39 | 2.12 | 0.94 |
| MU15 | 2.79 | 2.31 | 2.07 | 1.83 | 0.82 |
| MU10 | — | 1.89 | 1.69 | 1.50 | 0.67 |

注：当采用专用砌筑砂浆时，其抗压强度设计值按表中数值采用。

表 2-48　单排孔混凝土砌块和轻集料混凝土砌块对孔砌筑砌体的抗压强度设计值　MPa

| 砖强度等级 | 砂浆强度等级 | | | | 砂浆强度 |
|---|---|---|---|---|---|
| | Mb15 | Mb10 | Mb7.5 | Mb5 | 0 |
| MU20 | 5.68 | 4.95 | 4.44 | 3.94 | 2.33 |
| MU15 | 4.61 | 4.02 | 3.61 | 3.20 | 1.89 |
| MU10 | — | 2.97 | 2.50 | 2.22 | 1.31 |
| MU7.5 | — | — | 1.93 | 1.71 | 1.01 |
| MU5 | — | — | — | 1.19 | 0.70 |

注：1）对错孔砌筑砌体，应按表中数值乘以 0.8；
　　2）对独立柱或厚度为双排组砌的砌块砌体，应按表中数值乘以 0.7；
　　3）对 T 形截面砌体，应按表中数值乘以 0.85；
　　4）表中轻集料混凝土砌块为煤矸石与水泥煤渣混凝土砌块。

表 2-49 双排孔或多排孔轻集料混凝土砌块砌体的抗压强度设计值　　MPa

| 砌块强度等级 | 砂浆强度等级 | | | 砂浆强度 |
| --- | --- | --- | --- | --- |
| | Mb10 | Mb7.5 | Mb5 | 0 |
| MU10 | 3.08 | 2.76 | 2.45 | 1.44 |
| MU7.5 | — | 2.13 | 1.88 | 1.12 |
| MU5 | — | — | 1.31 | 0.78 |
| MU3.5 | — | — | 0.95 | 0.56 |

注：1）表中的砌块为火山渣、浮石和陶粒轻集料混凝土砌块；
2）当厚度方向为双排组砌的轻集料混凝土砌块砌体的抗压强度设计值，应按表中数值乘以 0.8。

表 2-50 毛料石砌体的抗压强度标设计值　　MPa

| 毛料石强度等级 | 砂浆强度等级 | | | 砂浆强度 |
| --- | --- | --- | --- | --- |
| | M7.5 | M5 | M2.5 | 0 |
| MU100 | 5.42 | 4.80 | 4.18 | 2.13 |
| MU80 | 4.85 | 4.29 | 3.73 | 1.91 |
| MU60 | 4.20 | 3.71 | 3.23 | 1.65 |
| MU50 | 3.83 | 3.39 | 2.95 | 1.51 |
| MU40 | 3.43 | 3.04 | 2.64 | 1.35 |
| MU30 | 2.97 | 2.63 | 2.29 | 1.17 |
| MU20 | 2.42 | 2.15 | 1.87 | 0.95 |

注：对下列各类料石砌体，应按表中数值分别乘以系数为，细料石砌体 1.5，半细料石砌体 1.3，粗料石砌体 1.2，干砌勾缝石砌体 0.8。

表 2-51 毛石砌体的抗压强度设计值　　MPa

| 毛石强度等级 | 砂浆强度等级 | | | 砂浆强度 |
| --- | --- | --- | --- | --- |
| | M7.5 | M5 | M2.5 | 0 |
| MU100 | 1.27 | 1.12 | 0.98 | 0.34 |
| MU80 | 1.13 | 1.00 | 0.87 | 0.30 |
| MU60 | 0.98 | 0.87 | 0.76 | 0.26 |
| MU50 | 0.90 | 0.80 | 0.69 | 0.23 |
| MU40 | 0.80 | 0.71 | 0.62 | 0.21 |
| MU30 | 0.69 | 0.61 | 0.53 | 0.18 |
| MU20 | 0.56 | 0.51 | 0.44 | 0.15 |

施工阶段砂浆尚未硬化的新砌砌体的强度和稳定性，可按照砂浆强度为零进行验算。

单排孔混凝土砌块对孔砌筑时，灌孔混凝土砌块砌体的抗压强度设计值$f_g$应按下式计算：

$$f_g = f + 0.6af_c$$

$$a = \delta p$$

式中：$f_g$——灌孔混凝土砌块砌体的抗压强度设计值，该值不应大于未灌孔砌体抗压强度设计值的 2 倍。

$f$——未灌孔混凝土砌块砌体的抗压强度设计值，应按表 2-50 采用。

$f_c$——灌孔混凝土的轴心抗压强度设计值。

$a$——混凝土砌块砌体中灌孔混凝土面积与砌体毛面积的比值。

$\delta$——混凝土砌块的孔洞率。

$p$——混凝土砌块砌体的灌孔率，系截面灌孔混凝土面积与截面孔洞面积的比值，灌孔率应根据受力或施工条件确定，且不应小于 33%。混凝土砌块砌体的灌孔混凝土强度等级不应低于 Cb20，且不应低于 1.5 倍的块体强度等级。灌孔混凝土强度指标取同强度等级的混凝土强度指标。

## 五、砌体受拉、受弯、受剪性能

砌体主要用来承受压力，但也有一定的受拉、受弯、受剪性能。相比而言，砌体的抗拉、抗弯和抗剪强度都远低于其抗压强度，砌体的抗拉、抗弯、抗剪强度主要取决于灰缝与块体的黏结强度，亦即砂浆的强度。砌体的抗拉、抗弯、抗剪强度随砂浆强度的提高而明显增大。

### 1. 砌体的轴心受拉性能

砌体在轴心拉力作用下，常见的有三种截面破坏形式，如图 2-69 所示。

（1）当轴心拉力与砌体的水平灰缝平行时，砌体可能沿灰缝截面破坏，也可能沿块体和竖向灰缝破坏。

（2）当块材的强度等级较低，面砂浆的强度等级较高时，砌体可能沿块材截面破坏。

（3）当轴心拉力与砌体的水平灰缝垂直时，砌体可能沿通缝截面破坏。

### 2. 砌体的受弯性能

砌体中常见的受弯及大偏心受压构件有带壁柱的挡土墙、地下室墙体等。砌体在受弯作用下，常见的有三种截面破坏形式，如图 2-70 所示。

（1）砌体沿齿缝截面破坏。

（2）砌体沿通缝截面破坏。

（3）当块体的强度等级较低，砂浆强度等级较高时，也可发生砌体沿块体和竖向灰缝截面破坏。

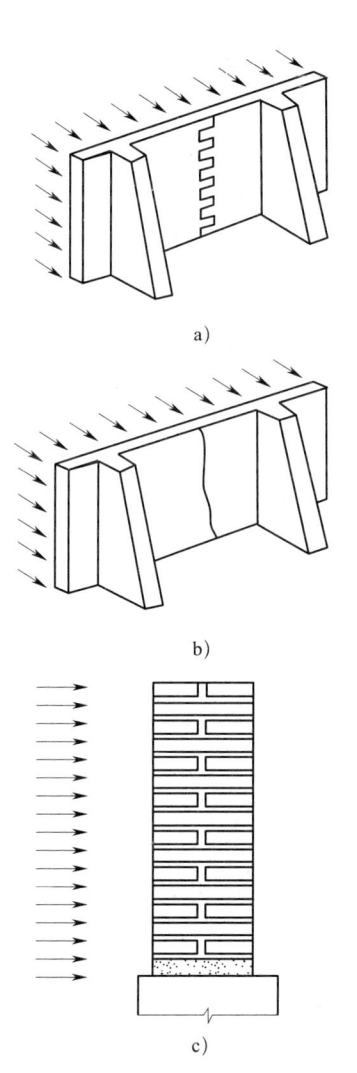

图 2-69 受拉性能常见的三种截面破坏形式
a）沿齿缝截面的破坏　b）沿块体截面的破坏
c）沿通缝截面的破坏

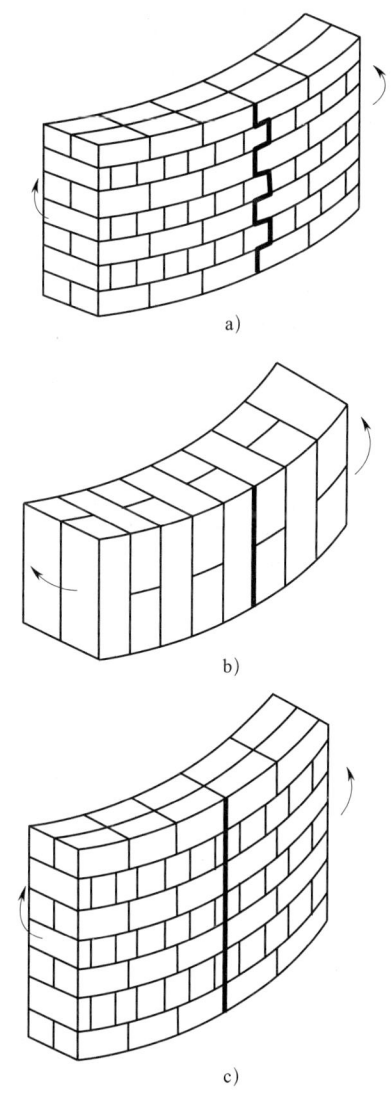

图 2-70 受弯性能常见的三种截面破坏形式
a）沿齿缝截面的破坏　b）沿通缝截面的破坏
c）沿块体和竖向灰缝截面的破坏

### 3. 砌体的抗剪强度

砌体中常见的受剪构件有门窗过梁、拱过梁及墙过梁等。砌体在单纯受剪时，常见的有三种截面剪切破坏形式，如图 2-71 所示。

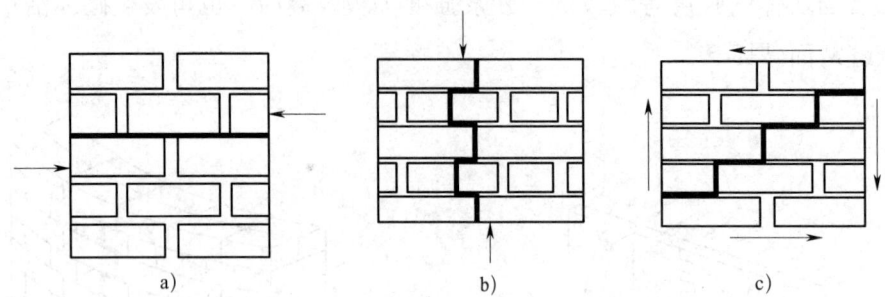

图 2-71　抗剪强度常见的三种截面破坏形式
a）沿通缝截面的破坏　b）沿齿缝截面的破坏　c）沿阶梯形截面的破坏

（1）沿通缝截面破坏，砌体通缝抗剪强度主要取决于砖和砂浆的切向黏结强度。砌体沿阶梯形缝受剪破坏是地震中房屋墙体的常遇震害。

（2）沿齿缝截面破坏，齿缝受剪破坏一般仅发生在错缝较差的砖砌体及毛石砌体中。

（3）沿阶梯形截面破坏。

# 培训课程 3 砌筑工具、设备知识

## 学习单元 1 砌筑工具、设备种类与性能

### 一、常用的砌筑工具种类和名称

#### 1. 瓦刀

瓦刀又叫泥刀、砌刀、砖刀，是个人使用及保管的工具，用以砍砖、打灰条、摊铺砂浆等。瓦刀分为单面刀和双面刀两种，如图 2-72 所示。

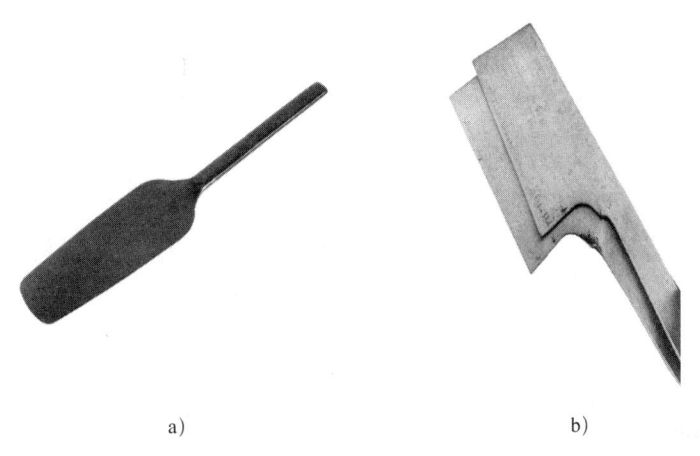

图 2-72 瓦刀
a) 双面刀　b) 单面刀

#### 2. 大铲

大铲用于铲灰、铺灰和刮浆的工具，也可以在操作中用它随时调和砂浆。大铲以桃形者居多，也有长方形大铲和长三角形大铲。它是实施"三·一"（一铲灰，一块砖，一揉挤）砌筑法的关键工具，如图 2-73 所示。

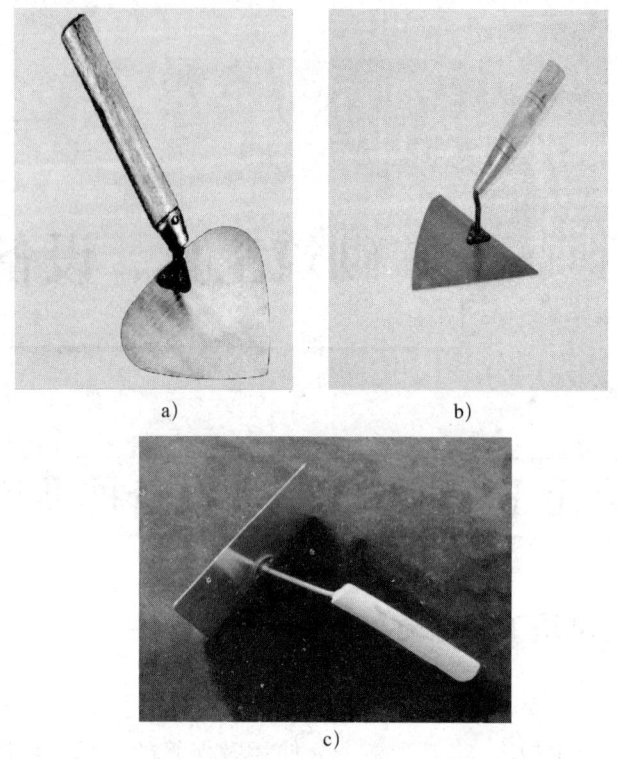

图 2-73 大铲
a) 桃形大铲　b) 长三角形大铲　c) 长方形大铲

### 3. 刨锛

刨锛一头是小方锤，另一头是扁状，用以打砍砖块的工具，也可当作小锤与大铲配合使用，如图 2-74 所示。

### 4. 摊灰尺

摊灰尺用不易变形的木材制成，操作时靠在墙上作为控制灰缝及铺砂浆用，如图 2-75 所示。

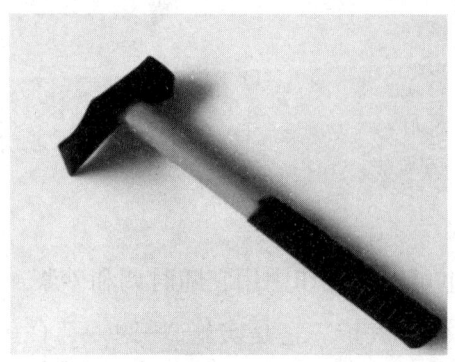

图 2-74 刨锛

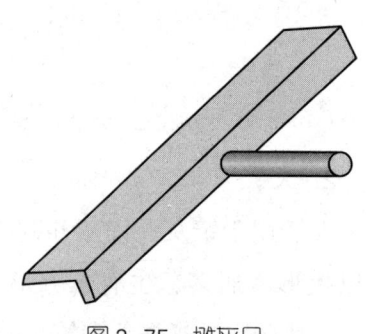

图 2-75 摊灰尺

### 5. 溜子

溜子又叫灰匙、勾缝刀，一般以 φ8 钢筋打扁制成，并装上木柄，通常用于清水墙勾缝，如图 2-76 所示。用 0.5～1 mm 厚的薄钢板制成的较宽的溜子，则用于毛石墙的勾缝。

### 6. 灰板

灰板又叫托灰板，用不易变形的木材制成，在勾缝时，用它承托砂浆，如图 2-77 所示。

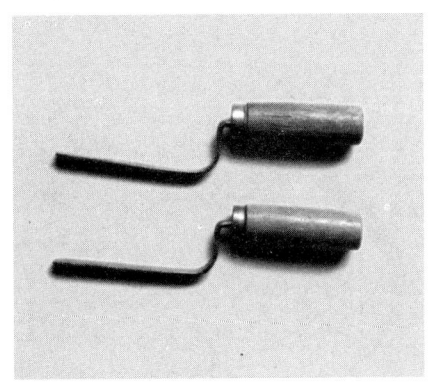

图 2-76 溜子

### 7. 抿子

抿子用 0.8～1 mm 厚的钢板制成，并铆上执手，安装木柄成为工具，可用于石墙的抹缝、勾缝，如图 2-78 所示。

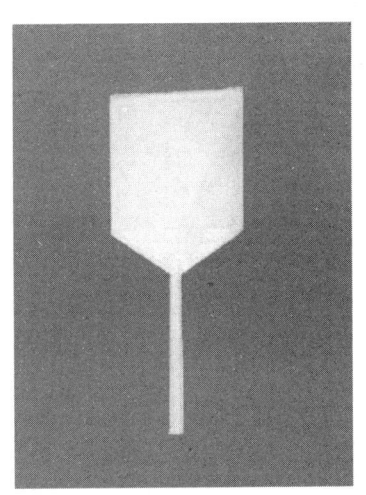

图 2-77 灰板

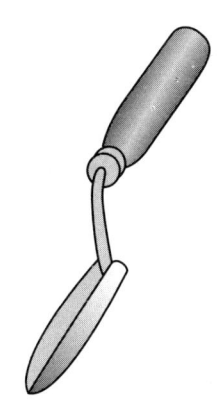

图 2-78 抿子

### 8. 筛子

筛子主要用于筛砂，筛孔直径有 4 mm、6 mm、8 mm 等数种也可分为手筛、立筛、小方筛等，如图 2-79 所示。勾缝需用细砂时，可利用铁窗纱钉在小木框上制成小筛子。

### 9. 砖夹

砖夹为施工单位自制的夹砖工具，可用 φ16 钢筋锻造，一次可以夹起 4 块标准砖，用于装卸砖块，如图 2-80 所示。

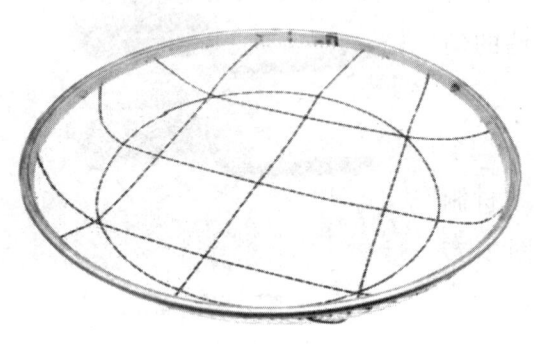

a)                                          b)

c)

图 2-79 筛子

a) 手筛 b) 立筛 c) 小方筛

### 10. 砖笼

砖笼是采用塔吊施工时吊运砖块的工具,如图 2-81 所示,施工时,在底板上先码好一定数量的砖,然后把砖笼套上并固定,再起吊到指定地点,如此周转使用。

### 11. 灰槽

灰槽由 1~2mm 厚的黑铁皮制成,供存放砂浆用,如图 2-82 所示。

其他砌筑工具还有橡皮水管(内径 $\phi 25$ mm)、大水桶、灰镐、灰勺、钢丝刷及笤帚等。

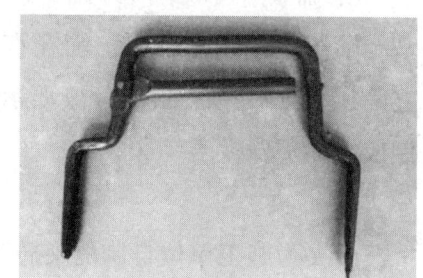

图 2-80 砖夹

图 2-81 砖笼

图 2-82 灰槽

## 二、质量检测工具

### 1. 钢卷尺

钢卷尺有 1 m、2 m、3 m 及 30 m、50 m 等几种规格。钢卷尺主要用来测轴线尺寸、位置及墙长、墙厚，还有门窗洞口的尺寸、留洞位置尺寸等，如图 2-83 所示。

### 2. 托线板

托线板又称靠尺板，如图 2-84 所示，用于检查墙面垂直和平整度，由施工单位用木材自制，长 1.2 ~ 1.5 m，也有铝制商品。

图 2-83 钢卷尺

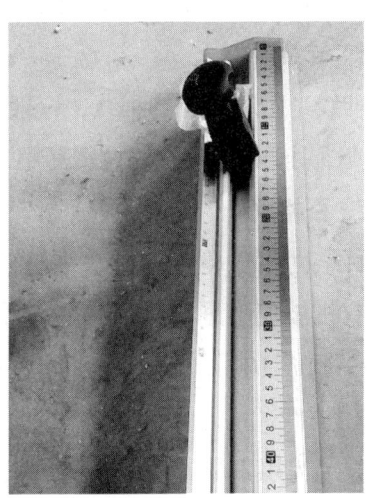

图 2-84 托线板

## 3. 线锤

线锤为吊挂垂直度用,主要与托线板配合使用,如图 2-85 所示。

## 4. 塞尺

塞尺与托线板配合使用,如图 2-86 所示,以测定墙、柱的垂直、平整度的偏差。塞尺上每一格表示厚度方向 1 mm。使用时,托线板一侧紧贴于墙或柱面上,由于墙或柱面本身的平整度不够,必然与托线板产生一定的缝隙,用塞尺轻轻塞进缝隙,塞进几格就表示墙面或柱面偏差的数值。

图 2-85 线锤

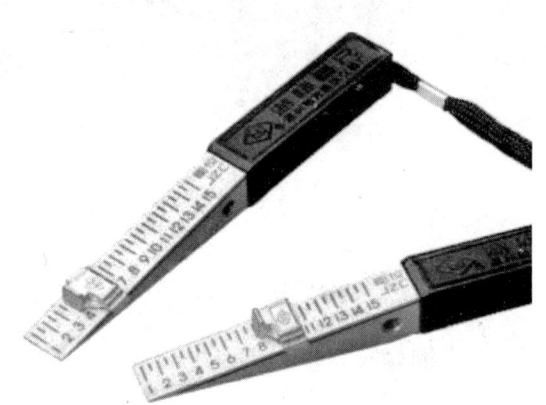

图 2-86 塞尺

## 5. 水平尺

水平尺是用铁和铝合金制成,中间镶嵌玻璃水准管,利用液面水平的原理,以水准泡直接显示角位移,测表面相对水平位置、铅垂位置、倾斜位置偏离程度的一种计量器具,如图 2-87 所示。

## 6. 准线

准线是砌墙时拉的细线,一般使用直径为 0.5 ~ 1 mm 的小白线、麻线、尼龙线或弦线,用于砌体砌筑时拉水平用,另外也来检查水平缝的平直度,如图 2-88 所示。

## 7. 百格网

百格网用于检查砌体水平缝砂浆饱满度的工具,可用铁丝编制锡焊而成,也有在有机玻璃上划格而成,其规格为一块标准砖的大面尺寸。其长度方向各分成 10 格,画成 100 个小格,故称百格网,如图 2-89 所示。

## 8. 方尺

方尺为用木材或金属制成边长为 200 mm 的直角尺,有阴角和阳角两种,分别用于检查砌体转角的方整程度,如图 2-90 所示。

图 2-87 水平尺

图 2-88 准线

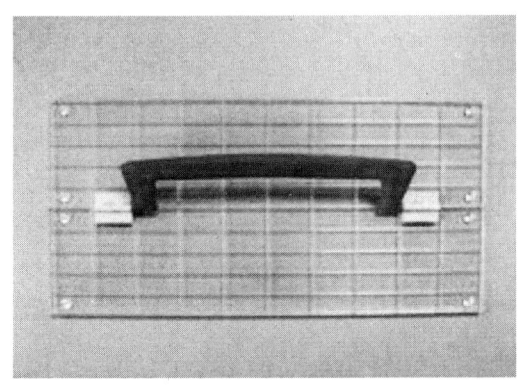

图 2-89 百格网

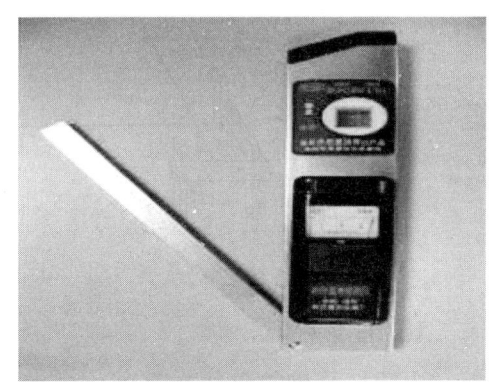

图 2-90 方尺

### 9. 龙门板

龙门板（图 2-91）是在房屋定位放线后，砌筑时定轴线、中心线的标准。施工定位时一般要求板顶面的高程即为建筑物相对标高 ±0.000。在板上画出轴线位置，以画"中"字示意，板顶面还要钉一根 20～25 mm 长的钉子。当在两个相对的龙门板之间拉上准线，则该线就表示为建筑物的轴线。有的在"中"字的两侧还分别画出墙身宽度位置线和大放脚排底宽度位置线，以便于操作人员检查核对。施工中严禁碰撞和踩踏龙门板，也不允许坐人。建筑物基础施工完毕后，把轴线标高等标志引测到基础墙后，方可拆除龙门板、桩。

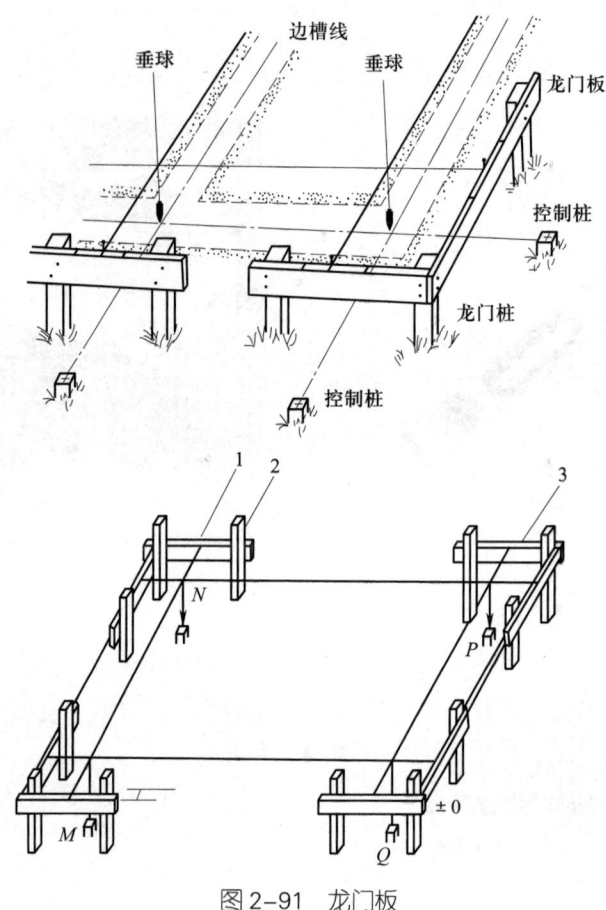

图 2-91 龙门板

## 10. 皮数杆

皮数杆是砌筑砌体在高度方向的基准。皮数杆分为基础用和地上用两种，如图 2-92 所示。

基础用皮数杆比较简单，一般使用 30 mm × 30 mm 的小木杆，由现场施工员绘制。一般在进行条形基础施工时，先在要立皮数杆的地方预埋一根小木桩，到砌筑基础墙时，将画好的皮数杆钉到小木桩上。皮数杆顶应高出防潮层的位置，杆上要画出砖皮数、地圈梁、防潮层等的位置，并标出高度和厚度。皮数杆上的砖层还要按顺序编号。画到防潮层底的标高处，砖层必须是整皮数。如果条形基础垫层表面不平，可以在一开始砌砖时就用细石混凝土找平。

± 0.000 以上的皮数杆，也称大皮数杆。皮数杆的设置，要根据房屋大小和平面复杂程度而定，一般要求转角处和施工段分界处设立皮数杆。当为一道通长的墙身时，皮数杆的间距要求不大于 20 m。如果房屋构造比较复杂，皮数杆应该编号，并对号入座。

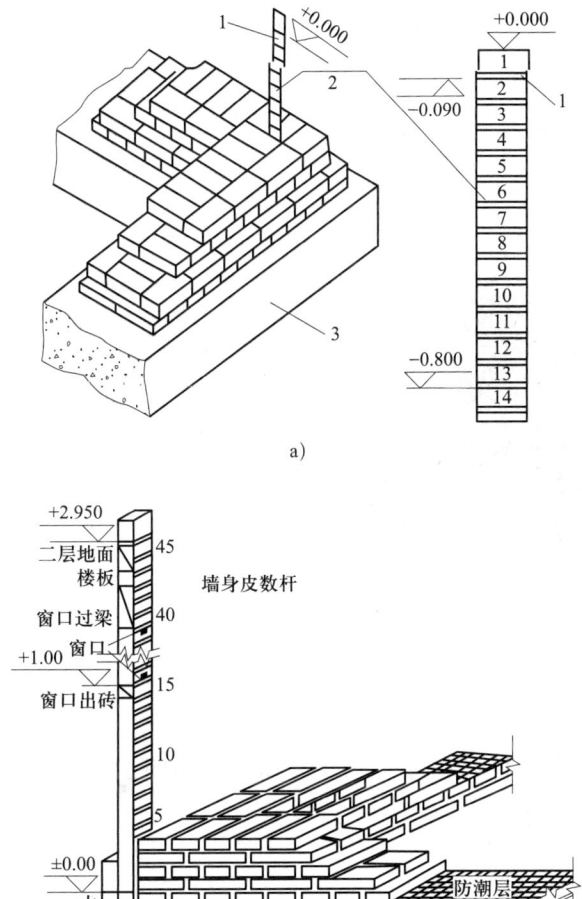

图 2-92 皮数杆
a) 基础皮数杆　b) 地上皮数杆

## 三、常用机械设备

### 1. 砂浆搅拌机

砂浆搅拌机是砌筑工程中的常用机械，用来制备砌筑和抹灰用的砂浆，如图 2-93 所示。目前常用的砂浆搅拌机有倾翻出式的 HJ-200 型、$HJ_2$-200 型和活门式的 HJ-325 型。

### 2. 垂直运输设备

（1）井架

井架为多层建筑工地常用的垂直运输设备、一般用型钢支设，并配置吊篮、天梁、卷扬机，形成垂直运输系统，如图 2-94 所示。

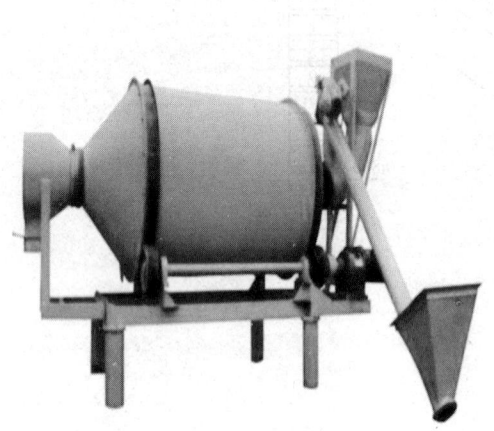

图 2-93 砂浆搅拌机

图 2-94 井架

（2）龙门架

龙门架是由两根立杆和横梁构成的，立杆由型钢组成，配上吊篮用于材料的垂直运输，如图 2-95 所示。

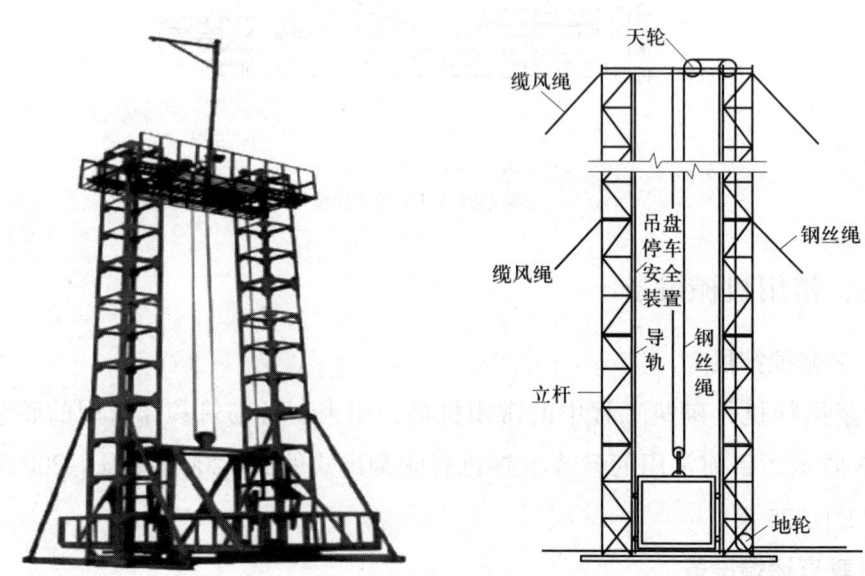

图 2-95 龙门架

（3）卷扬机

卷扬机是升降井架和龙门架上吊篮的动力装置，如图 2-96 所示。

(4) 附壁式升降机

附壁式升降机（施工电梯）又叫附墙外用电梯，如图 2-97 所示。它是由垂直井架和导轨式外用笼式电梯组成的，用于高层建筑的施工。该设备除载运工具和物料外，还可乘人上下，架设安装比较方便，操作简单，使用安全。

图 2-96　卷扬机

图 2-97　附壁式升降机

(5) 塔式起重机

塔式起重机俗称塔吊，如图 2-98 所示。塔式起重机有固定式和行走式两类。塔式起重机必须由经过专职培训合格的专业人员操作，并需专门人员指挥塔式起重机吊装，其他人员不得随意乱动或胡乱指挥。

图 2-98　塔式起重机

## 四、脚手架

脚手架是砌筑工程的辅助工具。按搭设位置可分为外脚手架和里脚手架；按使用材料可分为木脚手架、竹脚手架和金属脚手架；按构造形式可分为立杆式、框式、吊挂式、悬挑式、工具式等多种。立杆式使用最为普遍，它是由立杆、大横杆、小横杆、斜撑、抛撑、剪刀撑等组合而成的。立杆式脚手架一般用于外墙，按立杆排数不同又可分成单排的和双排的。双排脚手架，除与墙有一定的拉结点外，整个架子自成体系，可以先搭好架子再砌墙体。单排脚手架只有一排立杆，小横杆伸入墙体，与墙组成一个体系，所以要随着砌体的升高而升高。

### 1. 木脚手架

采用剥皮杉杆作为杆材，用 8 号镀锌铁丝绑扎搭设。因铁丝容易生锈，故此类脚手架适用于北方气候干燥地区。目前已不常见。

### 2. 竹脚手架

采用生长期三年以上的毛竹（楠竹）为材料，并用竹篾绑扎搭设（也可用镀锌铁丝绑扎搭设），凡青嫩、橘黄、黑斑、虫蛀、裂纹连通两节以上的均不能使用。竹脚手架一般都搭成双排，限高 50 m。

### 3. 钢管脚手架

钢管一般采用外径为 48～51 mm、壁厚 3～3.5 mm 的焊接钢管，连接件采用铸铁扣件。它具有搭拆灵活、安全度高、使用方便等优点，是目前建筑施工中大量采用的一种脚手架。它既可以搭成单排脚手架，又可以搭成双排或多排脚手架。

### 4. 工具式脚手架

在砌筑房屋内墙或外墙时，也可以用里脚手架。里脚手架可用钢管搭设，也可以用竹木等材料搭设。工具式里脚手架一般有折叠式、支柱式、高登和平台架等。搭设时，在两个里脚手架上搁脚手板后，即可堆放材料和上人进行砌墙操作。

### 5. 砌筑操作平台

它是由几榀支架组成的支承重量的框架，在框架上满铺脚手板形成一个平台，在上面可以堆放砖及砂浆进行砌筑。

# 学习单元2  常用砌筑工具、设备使用与维护方法

## 一、常用砌筑工具使用与维护方法

### 1. 手工工具种类

桃心铲、瓦刀、菱形铲、勾缝刀、灰板等手工工具使用完毕后要全面地清洗，并做好日常保养。刨锛在使用结束后，要及时清洁干净，易生锈部位需要喷除锈剂防锈。

### 2. 备料工具

斗车是在施工时，用来运输砂子、砖、砂浆等材料，如图2-99所示。工作结束后要全面地清洗，易生锈部位需要喷除锈剂防锈。

筛子、砖夹、铁锹、铲等工具，工作结束后及时清洁干净。

筛子用于筛砂。工作结束后及时清洁干净。

图2-99  斗车

### 3. 检测工具

塞尺、方尺、皮数杆等检测工具，工作结束后及时清洁干净。

水平尺工作结束后及时清洁干净，并关闭电源。

## 二、常用砌筑设备使用与维护方法

### 1. 砂浆搅拌机

砂浆搅拌机工作时，机内物料受两个相反方向的转子作用，进行着复合运动，桨叶带动物料方面沿着机槽内壁做逆时针旋转，带动物料左右翻动，在两转子交叉重叠外形失重区，在此区域内，不论物料的形状、大小和密度如何，都能使物

料上浮处于瞬间失重状态,这使物料在机槽内形成全方位连续循环翻动,相互交错剪切,从而达到快速柔和混合均匀的效果。

砂浆搅拌机使用操作要求如下。

(1)机械的安装应平稳、牢固,地基应夯实、平整。

(2)移动式砂浆搅拌机的安装,其行走轮应离开地面,机座要高出地面一定距离,以便于出料。

(3)开机前应先检查电气设备的绝缘和接地是否良好,皮带轮和齿轮必须有防护罩,并对机械需润滑的部位加油润滑,并检查机械各部件是否正常。

(4)工作时先空载转动1 min,检查其传动装置工作是否正常,在确保正常状态后再加料搅拌。搅拌时要边加料边加水,要避免过大粒径的颗粒卡住叶片。

(5)加料时,操作工具(如铁锹)不能碰撞搅拌叶片,更不能在转动时把工具伸进机内扒料。

(6)工作完毕必须把搅拌机清洗干净。

(7)机器应设置在工作棚内,以防雨淋日晒,冬期还应有挡风保暖设施。

砂浆搅拌机维护与保养要求如下。

(1)安放在干燥及无任何腐蚀介质的环境中。

(2)使用完毕务必将筒内及搅拌叶用清水擦洗干净并擦干(长期不使用者可在筒内及叶片表面上防锈油)。

(3)经常检查使用后紧固件是否松动,及时拧紧。

(4)投料时严禁在水泥及沙子中夹入铁钉、铁丝等硬物,以免损坏机械。

(5)减速箱使用一段时间后,要检查其润滑油位的高低,及时补充到观察孔能看到油面,油质为30号的机械油。

(6)如遇修理倾倒时,必须先将油盘内的积油放尽,平时一季度换油一次。

**2. 垂直运输设备**

垂直运输设施是指担负垂直输送材料和施工人员上下的机械设备和设施。在砌筑施工过程中,各种材料(砖、砌块、砂浆)、工具(脚手架、脚手板)及各层楼板安装时,垂直运输量较大,需要用垂直运输机具来完成。目前,砌筑工程中常用的垂直运输设施有塔式起重机、井字架、龙门架、独杆提升机、建筑施工电梯等。

(1)龙门架

龙门架的日常保养和定期保养如下。

日常保养(每班工作前):

1）检查吊篮导轮润滑及导向间隙是否正常。

2）检查防坠落装置及安全停靠装置是否可靠。

3）检查电源、电缆及导线连接处有无破损松动现象。

4）检查各联接螺栓有无松动和脱落，有松动应及时拧紧。

5）检查各安全保护装置工作是否可靠。

6）检查钢丝绳是否超过规定标准，达到报废标准的要求立即报废。

定期保养（每运行 15 d 保养一次）：

1）检查各机构和定向滑轮组磨损情况，定时加注润滑油。

2）检查各机构联接螺栓及销轴联接是否正常，有松动、过度磨损及变形的，要及时维修更换。

3）检查各电器设备，输电电缆的安全性。

4）检查各安全限位装置是否工作正常，不能正常工作的立即进行维修。

（2）附壁式升降机

附壁式升降机维护与保养如下。

1）使用中经常检查各螺栓是否松动，各行程开关是否失灵，安全装置是否齐全可靠，导轨、滑轮润滑是否良好，曳引机制动是否正常，附着装置是否牢固，钢丝绳是否断股需要更换。

2）每期工程结束后，对拆下各部件要全面清洗灰沙泥土，除锈防锈处理，对曳引机进行保养。

3）吊篮导轮、配重导轮每月涂黄油一次。

4）吊篮配重箱各轮轴每周涂黄油一次。

5）在作业中，凡属该机易损毁件（详见说明书）应经常检查，及时维修更换。

（3）塔式起重机

塔式起重机维护与保养如下。

1）日常保养由设备司机进行。

2）要求设备司机班前进行检查和润滑、试运转；工作中严格按操作规程使用塔机设备，发现问题及时处理，每班工作完毕应对塔机设备进行认真的检查，并将塔机设备状况如实记录到交接班记录上。

3）日常保养工作应接受维修工人的技术指导，操作司机应接受公司设备管理人员的监督检查。

4）保养应按计划及规定项目对设备进行局部和重点部件的拆卸、检查，要彻底清洗外部，内部保养清洁，润滑各部配合间隙，紧固各部位。

5）检查和调整各种离合器、制动器，安全保护装置和操作结构，保持灵敏有效，检查钢丝绳有无断丝；其连接及固定是否安全可靠，检查各系统的传动装置是否出现松动、变形、裂纹、发热、异响和运转失常等，发现后及时进行修复。

6）连续运转的设备，其保养周期可在一季度内进行，维修保养内容除电器部分由电工负责外，其余均由操作者负责进行。

7）保养后应达到的标准：一是"限位、保险"灵敏可靠；二是钢丝绳无断丝、断裂，达到国家标准系数；三是电器部位达到技术要求。

### 3. 砌筑用脚手架

（1）钢管脚手架

钢管脚手架维护与保养如下。

1）定期对钢管脚手架进行检查检修，保证钢管脚手架的质量安全。凡弯曲、变形的杆件应先调直，损坏的构件应先修复，方能入库寄存，否则应改换。

2）钢管脚手架搭设运用的扣件、螺母、垫板、插销等小配件极易丢失，在支搭时应将多余件及时回收。

3）使用完钢管脚手架应及时回支出库、分类寄存。露天堆放时，场地应平整，排水良好，下设支垫，并用苫布遮盖，配件、零件应寄存在室内。

4）健全钢管脚手架工具资料的领发、回收、反省、维修制度，依照谁运用、谁维修、谁管理的准绳，实行限额领用或租赁办法。

5）定期对钢管脚手架的构配件进行除锈、防锈处置，凡湿度较大（大于75%）的地域每年涂防锈漆一次，普通型应两年涂刷一次。扣件要涂油，螺栓宜镀锌防锈。没有条件镀锌时，应在每次运用后用煤油洗濯，再涂上机油防锈。

（2）盘扣式脚手架

盘扣式脚手架维护与保养如下。

1）但凡有杆件出现弯曲、变形的情况应先校直，损坏的构件应先修复，确保其能在施工中正常使用。

2）使用中的盘扣式脚手架（包括相应的配件）应及时回支出库、分类寄存。露天堆放时，确保存放场地的平整度，排水良好，下设支垫，并用苫布遮盖，配件、零件应放置于室内。

3）在盘扣式脚手架配件除锈、防锈处置上，凡湿度较大（大于75%）的地域每年涂防锈漆至少一次。扣件要涂油，螺栓宜镀锌防锈。没有条件镀锌的话，应在每次运用后用煤油洗濯，再涂上机油防锈。

4）盘扣式脚手架运用的扣件、螺母、垫板、插销等小配件极易丢失，在支搭时应将多余件及时回收寄存，在撤除时亦及时验收，不得乱扔乱放。

# 培训课程 4 安全生产和环境保护知识

## 学习单元 1　劳动保护知识

### 一、劳动保护的概念

劳动保护，就是劳动保护者在生产劳动过程中的安全与健康。

危及劳动者安全与健康的因素分为直接因素和间接因素两大类。

#### 1. 直接因素

所谓直接因素，如矿井可能发生瓦斯爆炸、冒顶、片帮、水灾、火灾；机械加工可能发生机器绞碾、电击电伤；建筑施工可能发生高处坠落、物体打击；交通运输可能发生车辆伤害和淹溺；有毒有害作业可能发生职业病害；等等。

#### 2. 间接因素

所谓间接因素，如劳动者工作时间过长或劳动强度过大，造成过度疲劳，容易发生事故或积劳成疾；女工从事过于繁重的劳动或有害特殊生理的作业，造成危害；等等。

为了消除这些不安全和不卫生因素所采取的各种技术措施和组织措施，都属于劳动保护的范畴，为了实现以上目的，国家采取各种组织措施和技术措施。

属于组织措施的有：制定劳动保护方针政策；进行劳动保护立法，制定劳动保护法律、法规、规章和各项政策；建立劳动保护管理机构；总结劳动保护工作经验，交流劳动保护情报和信息，开展劳动保护宣传教育；实行劳动保护监察，依法强制企业重视劳动保护工作。

属于技术措施的有：开展劳动保护科学研究，逐步实现生产过程的机械化、自动化、电气化和封闭化，达到本质安全；应用安全技术和劳动卫生技术，消除生产劳动过程中出现的各种不安全和不卫生因素；供给职工个人劳动防护用品和保健食品，提高预防能力、补偿特殊损害，以减轻危害程度；等等。

我国劳动保护的完整概念是：国家为了保护劳动者在生产劳动过程中的安全和健康，在改善劳动条件，预防因工伤亡事故和职业危害，实现劳逸结合，以及加强女职工和未成年工保护方面所采取的各种组织措施和技术措施。

## 二、劳动保护工作的意义和指导方针

### 1. 劳动保护工作的意义

（1）劳动保护是中国共产党和我们国家的一项基本政策。"加强劳动保护，改善劳动条件"，是载入宪法的神圣规定。

（2）劳动保护是促进国民经济发展的重要条件。

（3）劳动保护是实现社会主义生产目的的重要措施。

### 2. 劳动保护工作的指导方针

劳动保护工作的指导方针是"安全第一，预防为主"。

（1）"安全第一"的主要内容

1）确立保护人的安全和健康是第一位的原则，尽最大努力避免人员伤亡和职业病的发生。

2）劳动者在各自的工作岗位上，都把贯彻安全生产法规，充分满足安全卫生需要摆在第一位，绝不做有损于安全生产的事情。

3）当生产任务同安全发生矛盾时，贯彻"生产服从安全"的原则，排除不安全因素后再进行生产。

4）在衡量企业工作时，把安全生产工作作为一个重要内容来考核。安全生产不好的企业，不能评为先进企业，也不能升级。安全指标有"否决权"。

5）进行新建、扩建、改建工程时，确保安全性设施的投入，实行同时设计、同时施工、同时投产，在尽可能的条件下，实现本质安全。

（2）"预防为主"的主要内容

1）对事故的预防。

2）对职业危害的预防。

### 三、劳动保护工作的任务和方法

#### 1. 劳动保护工作的任务

劳动保护工作的任务是，采取积极有效的组织管理措施和工程技术措施，保护劳动者在生产过程中的安全与健康，促进社会主义建设事业的顺利发展，具体可分为以下几个方面：

（1）安全技术。

（2）劳动卫生。

（3）劳动条件。

（4）工作时间与休假。

（5）女职工和未成年工的保护。

#### 2. 劳动保护工作的方法

在劳动保护工作中普遍推行技术对策、教育对策和法制对策，这三个对策被公认为是防止事故的三根支柱，我国现在劳动保护工作的主要方法如下。

（1）贯彻"安全第一，预防为主"的方针，完善劳动保护工作体制。

（2）健全劳动保护法制，完善劳动保护法律体系。

（3）不断采用新技术，改善劳动条件。

（4）广泛开展劳动保护宣传教育。

（5）积极开展劳动保护科学研究工作。

## 学习单元2　砌筑工程安全技术操作规程

### 一、砌筑职业健康安全操作规程

1. 作业人员必须经过相关培训考试合格后方可上岗。应把握本工种职业卫生安全知识和防护技能，对产生的职业危害及卫生措施有基本了解。

2. 操作人员在生产现场区域作业时，必须严格遵守劳动纪律，听从管理，正确佩戴和使用防尘口罩、平安帽等劳动防护用品。

3. 作业人员应尽量在上风口工作，并常常对施工现场进行增湿，防止粉尘飞扬，削减危害，保证粉尘浓度不超过国家卫生标准。

4. 应定期检测工作场所危害职业健康的有毒有害因素,如有超标,应实行整改措施。

5. 对生产现场经常性进行检查,准时消退跑、冒、滴、漏现象,做到文明、清洁生产,降低职业危害。

6. 作业人员应每年至少进行一次职业健康体检。

## 二、砌筑安全技术操作规程

1. 上下脚手架应走斜道爬梯。不准站在砖墙上做砌筑,划线(勾缝),检查大角垂直度和清扫墙面等工作。

2. 砌砖使用的工具应放在稳妥的地方。砍砖应面对墙面,工作完毕应将架上脚踏板的碎砖、灰浆清扫洁净,防止掉落伤人。

3. 山墙砌完后应马上安装衔条或加临时支撑,防止倒塌。

4. 起运吊砌块的夹具要坚固,就位放稳后,方可松开夹具。使用斗车时,装车不得超重,卸车要平稳,不得在临边倾倒和停放。

5. 在屋面坡度大于25°时,挂瓦必须使用移动板梯,板梯必须有坚固的挂钩。没有外架子时檐口应搭设防护栏杆和挂设防护立网。

6. 屋面上瓦应两坡同时进行,保持屋面受力均匀,瓦要放稳。屋面无望板时,应铺设通道,不准在行条、瓦条上行走。屋面的临边必须设有防护,方准操作。

7. 室内作业时,2 m以上(含2 m)必须搭设坚固里脚手架,铺好脚踏板,不准使用铁桶、垫砖、木凳等。

8. 室内作业使用照明时,不准擅自拉接电源线,严禁使用花线、塑胶线作为导线。

9. 砌筑时需要使用临时脚手架时,必须有坚固支架,架板应采用长2～4 m、宽30 cm、厚5 cm的杉木跳板或竹跳板,垫砖不得超过三块。

10. 砌筑操作时,架板上堆砖不得超过三皮。砌筑与装修时使用板不得同时由两人或两人以上操作。工作完毕必须清理架板上的砖、灰和工具。

11. 在高处架上砌筑与装修操作时不准往上或往下乱抛扔材料或工具,必须采用传递方法。

12. 泥普工使用井架提升机,人站在卸料平台出料时,必须等吊篮停靠稳定后方可拉车出料。

13. 泥普工使用井架提升机,人站在卸料平台出料时,必须听从指挥,正确使用联络信号，吊篮下降时人必须退至安全位置，方可向开机人员发出下降信号。

14. 泥普工在楼层面卸料（砖、砂浆等材料）时，不得将材料卸在临边 1 m 的范围内。

15. 运料工在运输材料时不得从井架吊篮下通行，在发觉吊篮防护门发生故障时，不得向井架操作工发出升降信号。

16. 砖块垂直运输，应采用铁笼集装。塔吊吊运时，严禁在塔吊下站人或进行作业；采用塔吊安装楼板时，在其下层楼内不得进行作业。

17. 严禁站在墙顶上进行砌砖、勾缝、清洗墙面以及检查四大角等工作。

18. 搬运石块时，必须拿稳、放牢、防止伤人。

19. 砖墙（柱）日砌高度不宜超过 1.8 m，毛石日砌高度不宜超过 1.2 m。

# 学习单元 3　职业健康、安全、环境保护知识

## 一、职业健康安全知识

### 1. 职业健康安全的基本概念

（1）劳动保护与职业安全卫生

劳动保护是指为了保护劳动者在劳动生产过程中的安全、健康，在改善劳动条件、预防工伤事故及职业病、实现劳逸结合和女职工、未成年工的特殊保护等方面所采取的各种组织措施和技术措施的总称，也称职业安全与健康。它是我国的一项重要国策。

（2）伤亡事故

伤亡事故是指企业职工在生产劳动过程中，发生的人身伤害、急性中毒事故。

（3）职业病

职业病是指职工在生产环境中由于接触工业毒物、不良气象条件、生物因素、不合理的劳动组织以及一般卫生条件恶劣等职业性毒害而引起的疾病。

（4）危险、危害因素

危险、危害因素是指能对人造成伤亡、对物造成突发性损坏、影响人的身体健康导致疾病或对物造成慢性损坏的因素。

**2. 砌筑作业职业健康要求**

(1)作业人员必须经过相关培训考试合格后方可上岗。应把握本工种职业健康安全知识和防护技能,对产生的职业危害及卫生措施有基本了解。

(2)操作人员在生产现场区域作业时,必须严格遵守劳动纪律,听从管理,正确佩戴和使用防尘口罩、安全帽等劳动防护用品。

(3)作业人员应尽量在上风口工作,并常常对施工现场进行增湿,防止粉尘飞扬,削减危害,保证粉尘浓度不超过国家卫生标准。

(4)应定期检测工作场所危害职业健康的有毒有害因素,如有超标,应实行整改措施。

(5)对生产现场经常性进行检查,准时消退跑、冒、滴、漏现象,做到文明、清洁生产,降低职业危害。

(6)作业人员应每年至少进行一次职业健康体检。

**3. 砌筑作业安全技术及劳动保护措施**

(1)建立健全的安全生产制度

1)安全生产必须有领导分管,在布置、检查、总结生产时必须包括安全生产工作的内容,切实做到思想、组织、措施三落实。施工班组长必须对班组作业区的现场文明负责,落实到人。

2)坚持开工前进行安全技术交底,坚持班前安全交底。加强对现场人员的安全教育,未经安全教育不得上岗。

3)加强对现场砌筑施工安全的宣传,广泛采用宣传画、安全标语、安全警示牌、安全标志等标识,张贴或悬挂在醒目的位置和危险处。

(2)正确使用安全防护用品

1)进入施工现场必须戴安全帽。

2)高处作业必须佩戴安全带,并应牢固挂在可靠地点。

3)交叉作业、高空作业、出入道口处作业、无栏杆或栏杆处作业均必须挂安全网,且设置防护栏杆及挡板。

(3)砌筑施工用电安全

1)砌筑用电人员应掌握安全用电的基本知识以及所使用设备的性能(如磨砖机、切砖机及搅拌机等)。

2)使用设备前,必须按规定穿戴和配备好相应的保护用品,并检查电器装置和保护设施是否完好,严禁设备带病作业;停用的设备必须拉闸断电,锁好开关箱；搬迁或移动用电设备，必须经电工切断电源并作妥善处理后进行；保护好所用设备的负荷线、保护零线和开关箱，发现问题及时报告解决。

（4）砌筑施工高处作业的安全措施

1）从事高处作业的人员必须进行体检，患有心脏病、高血压、精神病、癫痫病等不适合高处作业的人员，不得从事高处作业。

2）高处作业人员必须穿戴个人防护用品。

3）材料堆放：高处作业中所有物料必须堆放平稳，不可放置在临边或洞口附近，对作业中的走道、通道板和登高用具等，必须随时清扫干净。施工材料宜装入集装筐内；操作工具应放在工具袋内或其他容器内；小型机具可用绳索系在操作人员身上或脚手架上。每块脚手板上的操作人员不要超过两人，堆放砖块不要超过单行3皮。要在一块板上站人，一块板上堆料。

4）禁止用手向上抛砖运送，人工传递时，要稳递稳接，两人位置避免在同一垂直线上作业。人工上下传递砌块时，应搭设递砖架子，架子的站人板宽应不得小于60 cm。

5）砌筑施工高处作业时，安全带不宜固定在一个地方，应根据操作人员的砌筑方向张缆绳，然后将活扣扣在缆绳上，以便沿其滑动。

6）严禁向下随意抛物。砌筑施工高处作业时，严禁将砖块和边角余料扔下，应集中放置于吊筐或编织袋内，然后用机械吊下，或用绳索慢慢放下。施工现场垃圾按指定的地点集中收集，并及时运出现场，做到工完场清，时刻保持现场的文明，做好剩余材料的分拣回收工作。

7）禁酒。从事高处作业的人员，严禁酒后进行高处作业。

## 二、环境保护知识

### 1. 砌筑施工造成环境污染的种类

（1）砌筑耐火材料的品种主要有：水泥（如矾土水泥，它在筑炉中用来配制耐火混凝土、耐火砂浆及密封涂料等）；耐火砖，其主要成分由铝、镁、钙、锆、硅等元素的氧化物组成）；磷酸，它是配制磷酸盐耐火浇注料等所用的材料；石棉绳；玻璃纤维；氯化钙（促凝剂）；沥青等。

（2）砌筑耐火材料造成的污染主要有：粉尘（如硅尘等）；有害、有毒物质（如焦油、沥青、煤气等）；放射线；砌筑产生的施工垃圾等。

（3）噪声污染主要由砌筑用施工机械产生，如磨砖机、切砖机、空压机、搅拌机等。

### 2. 防止污染、保护环境的措施

（1）熬制沥青应尽量远离生活区。

（2）砌筑施工机械运行和检修时所产生的润滑油、清洗油等不得随意泼倒，应集中到废油桶作统一处理。

（3）砌筑施工的垃圾应在指定地点堆放，并随时清理。运输垃圾的车辆应采取有效措施，防止尘土飞扬、洒落或流溢。

# 学习单元 4　绿色施工知识

## 一、绿色施工概述

### 1. 绿色施工的概念

绿色施工是指工程建设中在保证质量、安全等基本要求的前提下，通过科学管理和技术进步，最大限度地节约资源与减少对环境负面影响的施工活动，实现四节一环保（节能、节地、节水、节材和环境保护），如图 2-100 所示。

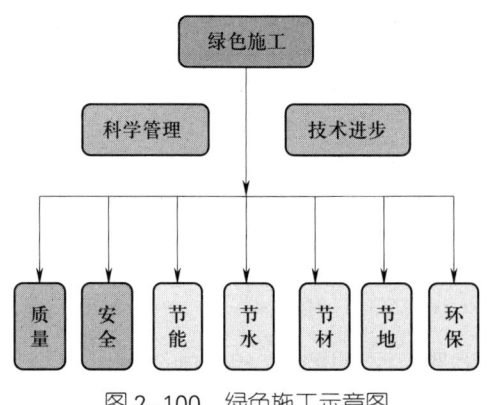

图 2-100　绿色施工示意图

### 2. 绿色施工的原则

实施绿色施工，应依据因地制宜的原则，贯彻执行国家、行业和地方相关的技术政策，符合国家的法律、法规及相关的标准规范，实现经济效益、社会效益和环境效益的统一。施工企业应运用 ISO 14000 环境管理体系和 OHSAS 18000 职业健康安全管理体系，将绿色施工有关内容分解到管理体系目标中，使绿色施工规范化、标准化。

## 二、绿色施工总体框架

绿色施工总体框架由施工管理、环境保护、节材与材料资源利用、节水与水资源利用、节能与能源利用、节地与施工用地保护六个方面组成，如图2-101所示。这六个方面涵盖了绿色施工的基本指标，同时包含了施工策划、材料采购、现场施工、工程验收等各阶段的指标。

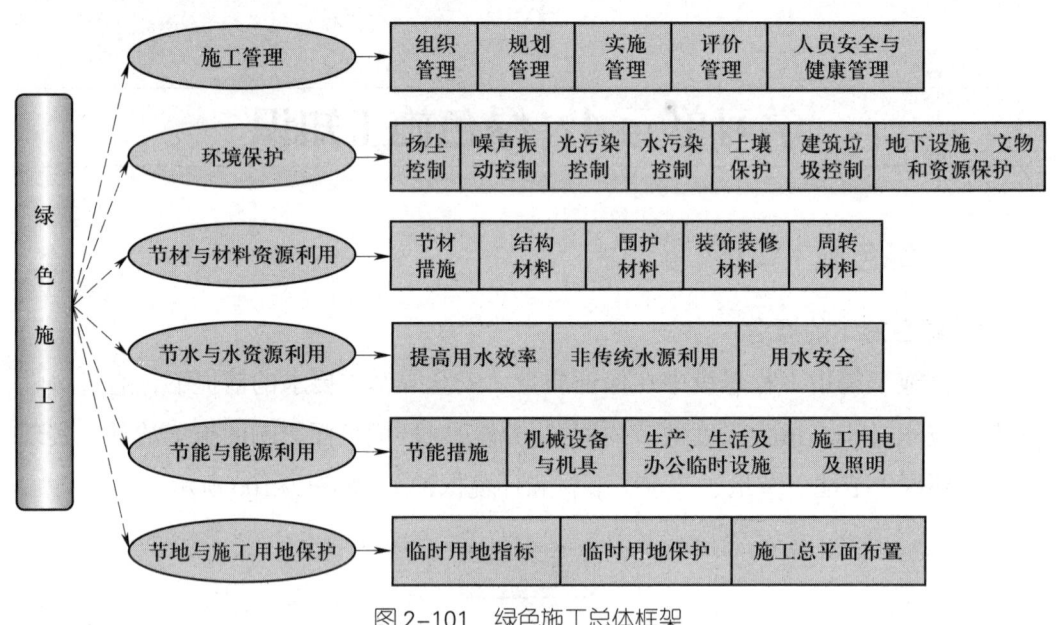

图2-101 绿色施工总体框架

### 1. 绿色施工管理

绿色施工管理主要包括组织管理、规划管理、实施管理、评价管理和人员安全与健康管理五个方面。

（1）组织管理

1）建立绿色施工管理体系，并制定相应的管理制度与目标。

2）项目经理为绿色施工第一责任人，负责绿色施工的组织实施及目标实现，并指定绿色施工管理人员和监督人员。

（2）规划管理

1）编制绿色施工方案。该方案应在施工组织设计中独立成章，并按有关规定进行审批。

2）绿色施工方案应包括以下内容：

①环境保护措施,制订环境管理计划及应急救援预案,采取有效措施,降低环境负荷,保护地下设施和文物等资源。

②节材措施,在保证工程安全与质量的前提下,制定节材措施。如进行施工方案的节材优化,建筑垃圾减量化,尽量利用可循环材料等。

③节水措施,根据工程所在地的水资源状况,制定节水措施。

④节能措施,进行施工节能策划,确定目标,制定节能措施。

⑤节地与施工用地保护措施,制定临时用地指标、施工总平面布置规划及临时用地节地措施等。

(3) 实施管理

1) 绿色施工应对整个施工过程实施动态管理,加强对施工策划、施工准备、材料采购、现场施工、工程验收等各阶段的管理和监督。

2) 应结合工程项目的特点,有针对性地对绿色施工作相应的宣传,通过宣传营造绿色施工的氛围。

3) 定期对职工进行绿色施工知识培训,增强职工绿色施工意识。

(4) 评价管理

1) 对照本导则的指标体系,结合工程特点,对绿色施工的效果及采用的新技术、新设备、新材料与新工艺,进行自评估。

2) 成立专家评估小组,对绿色施工方案、实施过程至项目竣工,进行综合评估。

(5) 人员安全与健康管理

1) 制定施工防尘、防毒、防辐射等职业危害的措施,保障施工人员的长期职业健康。

2) 合理布置施工场地,保护生活及办公区不受施工活动的有害影响。施工现场建立卫生急救、保健防疫制度,在安全事故和疾病疫情出现时提供及时救助。

3) 提供卫生、健康的工作与生活环境,加强对施工人员的住宿、膳食、饮用水等生活与环境卫生等管理,明显改善施工人员的生活条件。

**2. 环境保护**

(1) 扬尘控制

1) 运送土方、垃圾、设备及建筑材料等,不污损场外道路。运输容易散落、飞扬、流漏的物料的车辆,必须采取措施封闭严密,保证车辆清洁。施工现场出口应设置洗车槽。

2）土方作业阶段，采取洒水、覆盖等措施，达到作业区目测扬尘高度小于1.5 m，不扩散到场区外。

3）结构施工、安装装饰装修阶段，作业区目测扬尘高度小于0.5 m，对易产生扬尘的堆放材料应采取覆盖措施；对粉末状材料应封闭存放；场区内可能引起扬尘的材料及建筑垃圾搬运应有降尘措施，如覆盖、洒水等；浇筑混凝土前清理灰尘和垃圾时尽量使用吸尘器，避免使用吹风器等易产生扬尘的设备；机械剔凿作业时可用局部遮挡、掩盖、水淋等防护措施；高层或多层建筑清理垃圾应搭设封闭性临时专用道或采用容器吊运。

4）施工现场非作业区达到目测无扬尘的要求。对现场易飞扬物质采取有效措施，如洒水、地面硬化、围挡、密网覆盖、封闭等，防止扬尘产生。

5）构筑物机械拆除前，做好扬尘控制计划。可采取清理积尘、拆除体洒水、设置隔挡等措施。

6）构筑物爆破拆除前，做好扬尘控制计划。可采用清理积尘、淋湿地面、预湿墙体、屋面敷水袋、楼面蓄水、建筑外设高压喷雾状水系统、搭设防尘排栅和直升机投水弹等综合降尘。选择风力小的天气进行爆破作业。

7）在场界四周隔挡高度位置测得的大气总悬浮颗粒物（TSP）月平均浓度与城市背景值的差值不大于 0.08 mg/m$^3$。

（2）噪声与振动控制

1）现场噪声排放不得超过国家标准《建筑施工场界噪声限值》的规定。

2）在施工场界对噪声进行实时监测与控制。监测方法执行国家标准《建筑施工场界噪声测量方法》。

3）使用低噪声、低振动的机具，采取隔音与隔振措施，避免或减少施工噪声和振动。

（3）光污染控制

1）尽量避免或减少施工过程中的光污染。夜间室外照明灯加设灯罩，透光方向集中在施工范围。

2）电焊作业采取遮挡措施，避免电焊弧光外泄。

（4）水污染控制

1）施工现场污水排放应达到国家标准《污水综合排放标准》的要求。

2）在施工现场应针对不同的污水，设置相应的处理设施，如沉淀池、隔油池、化粪池等。

3）污水排放应委托有资质的单位进行废水水质检测，提供相应的污水检测报告。

4）保护地下水环境。采用隔水性能好的边坡支护技术。在缺水地区或地下水位持续下降的地区，基坑降水尽可能少地抽取地下水；当基坑开挖抽水量大于50万 $m^3$ 时，应进行地下水回灌，并避免地下水被污染。

5）对于化学品等有毒材料、油料的储存地，应有严格的隔水层设计，做好渗漏液收集和处理。

（5）土壤保护

1）保护地表环境，防止土壤侵蚀、流失。因施工造成的裸土，及时覆盖砂石或种植速生草种，以减少土壤侵蚀；因施工造成容易发生地表径流土壤流失的情况，应采取设置地表排水系统、稳定斜坡、植被覆盖等措施，减少土壤流失。

2）沉淀池、隔油池、化粪池等不发生堵塞、渗漏、溢出等现象。及时清掏各类池内沉淀物，并委托有资质的单位清运。

3）对于有毒有害废弃物如电池、墨盒、油漆、涂料等应回收后交有资质的单位处理，不能作为建筑垃圾外运，避免污染土壤和地下水。

4）施工后应恢复施工活动破坏的植被（一般指临时占地内）。与当地园林、环保部门或当地植物研究机构进行合作，在先前开发地区种植当地或其他合适的植物，以恢复剩余空地地貌或科学绿化，补救施工活动中人为破坏植被和地貌造成的土壤侵蚀。

（6）建筑垃圾控制

1）制订建筑垃圾减量化计划，如住宅建筑，每万平方米的建筑垃圾不宜超过400 t。

2）加强建筑垃圾的回收再利用，力争建筑垃圾的再利用和回收率达到30%，建筑物拆除产生的废弃物的再利用和回收率大于40%。对于碎石类、土石方类建筑垃圾，可采用地基填埋、铺路等方式提高再利用率，力争再利用率大于50%。

3）施工现场生活区设置封闭式垃圾容器，施工场地生活垃圾实行袋装化，及时清运。对建筑垃圾进行分类，并收集到现场封闭式垃圾站，集中运出。

（7）地下设施、文物和资源保护

1）施工前应调查清楚地下各种设施，做好保护计划，保证施工场地周边的各类管道、管线、建筑物、构筑物的安全运行。

2）施工过程中一旦发现文物，立即停止施工，保护现场并通报文物部门并协助做好工作。

3）避让、保护施工场区及周边的古树名木。

4）逐步开展统计分析施工项目的 $CO_2$ 排放量，以及各种不同植被和树种的 $CO_2$ 固定量的工作。

### 3. 节材与材料资源利用

（1）节材措施

1）图纸会审时，应审核节材与材料资源利用的相关内容，达到材料损耗率比定额损耗率降低30%。

2）根据施工进度、库存情况等合理安排材料的采购、进场时间和批次，减少库存。

3）现场材料堆放有序。储存环境适宜，措施得当。保管制度健全，责任落实到位。

4）材料运输工具适宜，装卸方法得当，防止损坏和遗撒。根据现场平面布置情况就近卸载，避免和减少二次搬运。

5）采取技术和管理措施提高模板、脚手架等的周转次数。

6）优化安装工程的预留、预埋、管线路径等方案。

7）应就地取材，施工现场500千米以内生产的建筑材料用量占建筑材料总重量的70%以上。

（2）结构材料

1）推广使用预拌混凝土和预拌砂浆。准确计算采购数量、供应频率、施工速度等，在施工过程中动态控制。结构工程使用散装水泥。

2）推广使用高强钢筋和高性能混凝土，减少资源消耗。

3）推广钢筋专业化加工和配送。

4）优化钢筋配料和钢构件下料方案。钢筋及钢结构制作前应对下料单及样品进行复核，无误后方可批量下料。

5）优化钢结构制作和安装方法。大型钢结构宜采用工厂制作，现场拼装；宜采用分段吊装、整体提升、滑移、顶升等安装方法，减少方案的措施用材量。

6）采取数字化技术，对大体积混凝土、大跨度结构等专项施工方案进行优化。

（3）围护材料

1）门窗、屋面、外墙等围护结构选用耐候性及耐久性良好的材料，施工确保密封性、防水性和保温隔热性。

2）门窗采用密封性、保温隔热性能、隔音性能良好的型材和玻璃等材料。

3）屋面材料、外墙材料具有良好的防水性能和保温隔热性能。

4）当屋面或墙体等部位采用基层加设保温隔热系统的方式施工时，应选择高效节能、耐久性好的保温隔热材料，以减小保温隔热层的厚度及材料用量。

5）屋面或墙体等部位的保温隔热系统采用专用的配套材料，以加强各层次之间的粘结或连接强度，确保系统的安全性和耐久性。

6）根据建筑物的实际特点，优选屋面或外墙的保温隔热材料系统和施工方式，例如保温板粘贴、保温板干挂、聚氨酯硬泡喷涂、保温浆料涂抹等，以保证保温隔热效果，并减少材料浪费。

7）加强保温隔热系统与围护结构的节点处理，尽量降低热桥效应。针对建筑物的不同部位保温隔热特点，选用不同的保温隔热材料及系统，以做到经济适用。

（4）装饰装修材料

1）贴面类材料在施工前，应进行总体排版策划，减少非整块材的数量。

2）采用非木质的新材料或人造板材代替木质板材。

3）防水卷材、壁纸、油漆及各类涂料基层必须符合要求，避免起皮、脱落。各类油漆及粘结剂应随用随开启，不用时及时封闭。

4）幕墙及各类预留预埋应与结构施工同步。

5）木制品及木装饰用料、玻璃等各类板材等宜在工厂采购或定制。

6）采用自粘类片材，减少现场液态粘结剂的使用量。

（5）周转材料

1）应选用耐用、维护与拆卸方便的周转材料和机具。

2）优先选用制作、安装、拆除一体化的专业队伍进行模板工程施工。

3）模板应以节约自然资源为原则，推广使用定型钢模、钢框竹模、竹胶板。

4）施工前应对模板工程的方案进行优化。多层、高层建筑使用可重复利用的模板体系，模板支撑宜采用工具式支撑。

5）优化高层建筑的外脚手架方案，采用整体提升、分段悬挑等方案。

6）推广采用外墙保温板替代混凝土施工模板的技术。

7）现场办公和生活用房采用周转式活动房。现场围挡应最大限度地利用已有围墙，或采用装配式可重复使用围挡封闭。力争工地临房、临时围挡材料的可重复使用率达到 70%。

**4. 节水与水资源利用的技术要点**

（1）提高用水效率

1）施工中采用先进的节水施工工艺。

2）施工现场喷洒路面、绿化浇灌不宜使用市政自来水。现场搅拌用水、养护用水应采取有效的节水措施，严禁无措施浇水养护混凝土。

3）施工现场供水管网应根据用水量设计布置，管径合理、管路简洁，采取有效措施减少管网和用水器具的漏损。

4）现场机具、设备、车辆冲洗用水必须设立循环用水装置。施工现场办公区、生活区的生活用水采用节水系统和节水器具，提高节水器具配置比率。项目临时用水应使用节水型产品，安装计量装置，采取针对性的节水措施。

5）施工现场建立可再利用水的收集处理系统，使水资源得到梯级循环利用。

6）施工现场分别对生活用水与工程用水确定用水定额指标，并分别计量管理。

7）大型工程的不同单项工程、不同标段、不同分包生活区，凡具备条件的应分别计量用水量。在签订不同标段分包或劳务合同时，将节水定额指标纳入合同条款，进行计量考核。

8）对混凝土搅拌站点等用水集中的区域和工艺点进行专项计量考核。施工现场建立雨水、中水或可再利用水的搜集利用系统。

（2）非传统水源利用

1）优先采用中水搅拌、中水养护，有条件的地区和工程应收集雨水养护。

2）处于基坑降水阶段的工地，宜优先采用地下水作为混凝土搅拌用水、养护用水、冲洗用水和部分生活用水。

3）现场机具、设备、车辆冲洗、喷洒路面、绿化浇灌等用水，优先采用非传统水源，尽量不使用市政自来水。

4）大型施工现场，尤其是雨量充沛地区的大型施工现场建立雨水收集利用系统，充分收集自然降水用于施工和生活中适宜的部位。

5）力争施工中非传统水源和循环水的再利用量大于 30%。

（3）用水安全

在非传统水源和现场循环再利用水的使用过程中，应制定有效的水质检测与卫生保障措施，确保避免对人体健康、工程质量以及周围环境产生不良影响。

### 5. 节能与能源利用

（1）节能措施

1）制定合理施工能耗指标，提高施工能源利用率。

2）优先使用国家、行业推荐的节能、高效、环保的施工设备和机具，如选用变频技术的节能施工设备等。

3）施工现场分别设定生产、生活、办公和施工设备的用电控制指标，定期进行计量、核算、对比分析，并有预防与纠正措施。

4）在施工组织设计中，合理安排施工顺序、工作面，以减少作业区域的机具数量，相邻作业区充分利用共有的机具资源。安排施工工艺时，应优先考虑耗用电能的或其他能耗较少的施工工艺。避免设备额定功率远大于使用功率或超负荷使用设备的现象。

5）根据当地气候和自然资源条件，充分利用太阳能、地热等可再生能源。

（2）机械设备与机具

1）建立施工机械设备管理制度，开展用电、用油计量，完善设备档案，及时做好维修保养工作，使机械设备保持低耗、高效的状态。

2）选择功率与负载相匹配的施工机械设备，避免大功率施工机械设备低负载长时间运行。机电安装可采用节电型机械设备，如逆变式电焊机和能耗低、效率高的手持电动工具等，以利节电。机械设备宜使用节能型油料添加剂，在可能的情况下，考虑回收利用，节约油量。

3）合理安排工序，提高各种机械的使用率和满载率，降低各种设备的单位耗能。

（3）生产、生活及办公临时设施

1）利用场地自然条件，合理设计生产、生活及办公临时设施的体形、朝向、间距和窗墙面积比，使其获得良好的日照、通风和采光。南方地区可根据需要在其外墙增设遮阳设施。

2）临时设施宜采用节能材料，墙体、屋面使用隔热性能好的材料，减少夏天空调、冬天取暖设备的使用时间与耗能量。

3）合理配置采暖、空调、风扇数量，规定使用时间，实行分段分时使用，节约用电。

（4）施工用电及照明

1）临时用电优先选用节能电线和节能灯具，临电线路合理设计、布置，临电设备宜采用自动控制装置。采用声控、光控等节能照明灯具。

2）照明设计以满足最低照度为原则，照度不应超过最低照度的20%。

**6. 节地与施工用地保护的技术要点**

（1）临时用地指标

1）根据施工规模及现场条件等因素合理确定临时设施，如临时加工厂、现场作业棚及材料堆场、办公生活设施等占地指标。临时设施的占地面积应按用地指标所需的最低面积设计。

2）要求平面布置合理、紧凑，在满足环境、职业健康与安全及文明施工要求的前提下尽可能减少废弃地和死角，临时设施占地面积有效利用率大于90%。

（2）临时用地保护

1）应对深基坑施工方案进行优化，减少土方开挖和回填量，最大限度地减少对土地的扰动，保护周边自然生态环境。

2）红线外临时占地应尽量使用荒地、废地，少占用农田和耕地。工程完工后，及时对红线外占地恢复原地形、地貌，使施工活动对周边环境的影响降至最低。

3）利用和保护施工用地范围内原有绿色植被。对于施工周期较长的现场，可按建筑永久绿化的要求，安排场地新建绿化。

（3）施工总平面布置

1）施工总平面布置应做到科学、合理，充分利用原有建筑物、构筑物、道路、管线为施工服务。

2）施工现场搅拌站、仓库、加工厂、作业棚、材料堆场等布置应尽量靠近已有交通线路或即将修建的正式或临时交通线路，缩短运输距离。

3）临时办公和生活用房应采用经济、美观、占地面积小、对周边地貌环境影响较小，且适合于施工平面布置动态调整的多层轻钢活动板房、钢骨架水泥活动板房等标准化装配式结构。生活区与生产区应分开布置，并设置标准的分隔设施。

4）施工现场围墙可采用连续封闭的轻钢结构预制装配式活动围挡，减少建筑垃圾，保护土地。

5）施工现场道路按照永久道路和临时道路相结合的原则布置。施工现场内形成环形通路，减少道路占用土地。

6）临时设施布置应注意远近结合（本期工程与下期工程），努力减少和避免大量临时建筑拆迁和场地搬迁。

# 学习单元 5　成品／半成品保护知识

材料、设备及施工机具搬运过程中应采取措施，防止碰撞或损坏已完工的电梯、墙面、地面、顶棚、门窗、扶手、栏杆及设备设施等成品。

管材及配件、卫生洁具（含附件）、灯具、电箱（柜）、元器件等安装材料和成套设备进场时应有符合出厂标准要求的包装，卸货不得采用倾倒方式，不得抛、摔、滚、拖。

涂饰工程（粉刷、油漆、涂料等）施工前，应检查已完工的成品保护是否到位；涂饰工程完工后应严格管理，后续工序应有可靠的保护措施并经批准后方可组织施工，以免对其造成污染或破损。

安装（焊接、切割、套丝、油漆、设备组装和就位等）作业时，应采取有效防护措施，不得损坏和污染已完工的墙面、地面。

## 一、原材料保护

### 1. 钢筋材料保护

钢筋原材料存放底部要支设不低于 20 cm 高垫木，分规格整齐排放，挂好标示牌，阴雨天用塑料布苫盖，做好防潮防水保护措施。

### 2. 模板材料保护

模板、木方排放场地应平整并垫木方排放，需放置在干燥且不受日光暴晒的地方，防止扭曲变形，必要时需苫盖，如图 2-102 和图 2-103 所示。

### 3. 砌体材料成品保护

砌体材料运输、装卸过程中严禁抛掷和倾倒。进场后，要按品种、规格分别

图 2-102　模板材料保护

堆放整齐，做好标识，堆放高度不能超过 2 m，加气混凝土砌块应有防止雨淋和浸水的措施，如图 2-104 和图 2-105 所示。

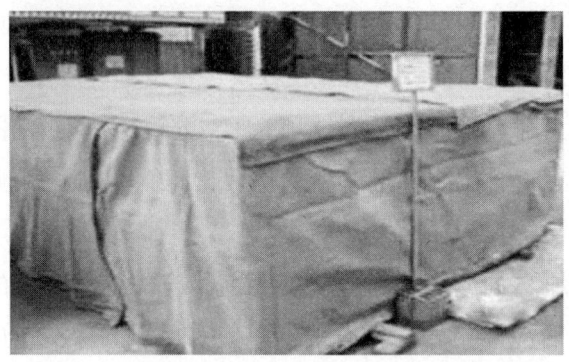

图 2-103　木方材料保护

图 2-104　砖块堆放整齐

图 2-105　砖块防水措施

**4. 石材材料成品保护**

石材的搬卸应尽量采用叉车，吊车卸货，避免搬运过程造成板材的损坏。石材进场后应排放整齐，石材排放需用木方垫起或在底部衬垫橡胶垫，同时对石材编码标识，如图 2-106 所示。

图 2-106 石材排放整齐

## 二、半成品保护

**1. 钢筋加工半成品保护**

钢筋的原材料加工预制好的成品材料,要用木方垫起做好防潮工作,钢筋存放地要做好排水措施和苫盖工作;直螺纹钢筋套丝完成后,在检验合格的丝头拧上同规格的保护帽,另一头拧上同规格的连接套,如图 2-107 和图 2-108 所示。

图 2-107 半成品钢筋堆放

图 2-108 半成品钢筋按规格整理

### 2. 砌体半成品保护

墙体的拉结钢筋、抗震构造柱钢筋（框架构造柱预留锚固筋），大模板混凝土墙体与砌砖墙体交接处拉结钢筋及各种预埋件、各种预埋管线等，均应注意保护，严禁任意拆改或损坏，如图2-109所示。

图2-109 半成品砌体预埋管线处理

## 三、成品保护

### 1. 钢筋成品保护

已绑扎好的墙筋禁止施工人员从墙筋中穿过，安装人员在施工时禁止搬、撬、踩踏墙筋，操作时应铺设站人片。钢筋绑扎应先绑扎下层钢筋，再铺设水、电管，然后再绑扎负弯曲筋或上层钢筋，绑扎板筋时应从一头开始向后退着绑扎，钢筋绑扎时须采用跳板保护。

当楼板或底板钢筋绑扎完毕后，严禁在成型的钢筋上随意走动或集中堆放施工荷载。浇筑砼时，地泵管应用钢筋蹬架起并放置在跳板上，不允许直接铺放在绑扎完成的钢筋上，以免泵管振动造成钢筋移位，如图2-110所示。

采用直螺纹连接方式的柱、墙钢筋在本层钢筋施工时，将钢筋另一端套好与钢筋直径相对应的胶帽并盖紧，然后进行钢筋连接施工，防止破坏或污染丝头，如图2-111所示。

本层钢筋绑扎完成，混凝土浇筑前应对柱筋底部部分采用防护措施。

### 2. 后浇带成品保护

楼板后浇带两侧应座砌至少一皮水泥砖用以挡水，后浇带覆盖木模板（夹板接缝处加钉一条200mm宽的夹板固定）；墙体后浇带处钉木模板覆盖，防止雨水进入，锈蚀钢筋。施工通道处用废旧模板木方铺设坡道，防止车行破坏钢筋，如图 2-112 和图 2-113 所示。

图 2-110 成品钢筋跳板保护

图 2-111 成品钢筋胶帽保护

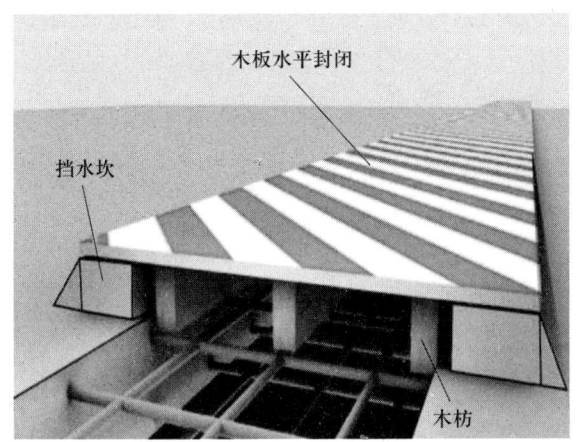

图 2-112 后浇带成品保护示意图

图 2-113 后浇带成品保护措施

### 3. 砌体构件成品保护

填充砌体施工完成后，应防止外物对砌体的碰撞，以免造成砌体的破损及开裂。砌体严禁留设脚手架眼，构造柱支模时严禁在砌体上打孔，其他工种操作时，应避免碰撞已砌墙体，如图 2-114 所示。

图 2-114 构造柱成品保护

# 培训课程 5

# 相关法律、法规知识

## 学习单元1 《中华人民共和国建筑法》《中华人民共和国安全生产法》相关知识

### 一、《中华人民共和国建筑法》相关知识

**第一章 总则**

**第一条** 为了加强对建筑活动的监督管理，维护建筑市场秩序，保证建筑工程的质量和安全，促进建筑业健康发展，制定本法。

**第二条** 在中华人民共和国境内从事建筑活动，实施对建筑活动的监督管理，应当遵守本法。本法所称建筑活动，是指各类房屋建筑及其附属设施的建造和与其配套的线路、管道、设备的安装活动。

**第三条** 建筑活动应当确保建筑工程质量和安全，符合国家的建筑工程安全标准。

**第四条** 国家扶持建筑业的发展，支持建筑科学技术研究，提高房屋建筑设计水平，鼓励节约能源和保护环境，提倡采用先进技术、先进设备、先进工艺、新型建筑材料和现代管理方式。

**第五条** 从事建筑活动应当遵守法律、法规，不得损害社会公共利益和他人的合法权益。任何单位和个人都不得妨碍和阻挠依法进行的建筑活动。

**第六条** 国务院建设行政主管部门对全国的建筑活动实施统一监督管理。

**第二章 建筑许可**

**第一节 建筑工程施工许可**

**第七条** 建筑工程开工前，建设单位应当按照国家有关规定向工程所在地县

级以上人民政府建设行政主管部门申请领取施工许可证；但是，国务院建设行政主管部门确定的限额以下的小型工程除外。

按照国务院规定的权限和程序批准开工报告的建筑工程，不再领取施工许可证。

第八条　申请领取施工许可证，应当具备下列条件：

（一）已经办理该建筑工程用地批准手续；

（二）依法应当办理建设工程规划许可证的，已经取得建设工程规划许可证；

（三）需要拆迁的，其拆迁进度符合施工要求；

（四）已经确定建筑施工企业；

（五）有满足施工需要的资金安排、施工图纸及技术资料；

（六）有保证工程质量和安全的具体措施。

建设行政主管部门应当自收到申请之日起七日内，对符合条件的申请颁发施工许可证。

第九条　建设单位应当自领取施工许可证之日起三个月内开工。因故不能按期开工的，应当向发证机关申请延期；延期以两次为限，每次不超过三个月。既不开工又不申请延期或者超过延期时限的，施工许可证自行废止。

第十条　在建的建筑工程因故中止施工的，建设单位应当自中止施工之日起一个月内，向发证机关报告，并按照规定做好建筑工程的维护管理工作。

建筑工程恢复施工时，应当向发证机关报告；中止施工满一年的工程恢复施工前，建设单位应当报发证机关核验施工许可证。

第十一条　按照国务院有关规定批准开工报告的建筑工程，因故不能按期开工或者中止施工的，应当及时向批准机关报告情况。因故不能按期开工超过六个月的，应当重新办理开工报告的批准手续。

### 第三章　建筑工程发包与承包

#### 第一节　一般规定

第十五条　建筑工程的发包单位与承包单位应当依法订立书面合同，明确双方的权利和义务。

发包单位和承包单位应当全面履行合同约定的义务。不按照合同约定履行义务的，依法承担违约责任。

第十六条　建筑工程发包与承包的招标投标活动，应当遵循公开、公正、平等竞争的原则，择优选择承包单位。

建筑工程的招标投标，本法没有规定的，适用有关招标投标法律的规定。

**第十七条** 发包单位及其工作人员在建筑工程发包中不得收受贿赂、回扣或者索取其他好处。

承包单位及其工作人员不得利用向发包单位及其工作人员行贿、提供回扣或者给予其他好处等不正当手段承揽工程。

**第十八条** 建筑工程造价应当按照国家有关规定，由发包单位与承包单位在合同中约定。公开招标发包的，其造价的约定，须遵守招标投标法律的规定。

发包单位应当按照合同的约定，及时拨付工程款项。

第二节 发包

**第十九条** 建筑工程依法实行招标发包，对不适于招标发包的可以直接发包。

**第二十条** 建筑工程实行公开招标的，发包单位应当依照法定程序和方式，发布招标公告，提供载有招标工程的主要技术要求、主要的合同条款、评标的标准和方法以及开标、评标、定标的程序等内容的招标文件。

开标应当在招标文件规定的时间、地点公开进行。开标后应当按照招标文件规定的评标标准和程序对标书进行评价、比较，在具备相应资质条件的投标者中，择优选定中标者。

**第二十一条** 建筑工程招标的开标、评标、定标由建设单位依法组织实施，并接受有关行政主管部门的监督。

**第二十二条** 建筑工程实行招标发包的，发包单位应当将建筑工程发包给依法中标的承包单位。建筑工程实行直接发包的，发包单位应当将建筑工程发包给具有相应资质条件的承包单位。

**第二十三条** 政府及其所属部门不得滥用行政权力，限定发包单位将招标发包的建筑工程发包给指定的承包单位。

**第二十四条** 提倡对建筑工程实行总承包，禁止将建筑工程肢解发包。

建筑工程的发包单位可以将建筑工程的勘察、设计、施工、设备采购一并发包给一个工程总承包单位，也可以将建筑工程勘察、设计、施工、设备采购的一项或者多项发包给一个工程总承包单位；但是，不得将应当由一个承包单位完成的建筑工程肢解成若干部分发包给几个承包单位。

**第二十五条** 按照合同约定，建筑材料、建筑构配件和设备由工程承包单位采购的，发包单位不得指定承包单位购入用于工程的建筑材料、建筑构配件和设备或者指定生产厂、供应商。

### 第三节　承包

**第二十六条**　承包建筑工程的单位应当持有依法取得的资质证书，并在其资质等级许可的业务范围内承揽工程。

禁止建筑施工企业超越本企业资质等级许可的业务范围或者以任何形式用其他建筑施工企业的名义承揽工程。禁止建筑施工企业以任何形式允许其他单位或者个人使用本企业的资质证书、营业执照，以本企业的名义承揽工程。

**第二十七条**　大型建筑工程或者结构复杂的建筑工程，可以由两个以上的承包单位联合共同承包。共同承包的各方对承包合同的履行承担连带责任。

两个以上不同资质等级的单位实行联合共同承包的，应当按照资质等级低的单位的业务许可范围承揽工程。

**第二十八条**　禁止承包单位将其承包的全部建筑工程转包给他人，禁止承包单位将其承包的全部建筑工程肢解以后以分包的名义分别转包给他人。

**第二十九条**　建筑工程总承包单位可以将承包工程中的部分工程发包给具有相应资质条件的分包单位；但是，除总承包合同中约定的分包外，必须经建设单位认可。施工总承包的，建筑工程主体结构的施工必须由总承包单位自行完成。

建筑工程总承包单位按照总承包合同的约定对建设单位负责；分包单位按照分包合同的约定对总承包单位负责。总承包单位和分包单位就分包工程对建设单位承担连带责任。

禁止总承包单位将工程分包给不具备相应资质条件的单位。禁止分包单位将其承包的工程再分包。

### 第四章　建筑工程监理

**第三十条**　国家推行建筑工程监理制度。

国务院可以规定实行强制监理的建筑工程的范围。

**第三十一条**　实行监理的建筑工程，由建设单位委托具有相应资质条件的工程监理单位监理。建设单位与其委托的工程监理单位应当订立书面委托监理合同。

**第三十二条**　建筑工程监理应当依照法律、行政法规及有关的技术标准、设计文件和建筑工程承包合同，对承包单位在施工质量、建设工期和建设资金使用等方面，代表建设单位实施监督。

工程监理人员认为工程施工不符合工程设计要求、施工技术标准和合同约定的，有权要求建筑施工企业改正。

工程监理人员发现工程设计不符合建筑工程质量标准或者合同约定的质量要求的，应当报告建设单位要求设计单位改正。

**第三十三条** 实施建筑工程监理前，建设单位应当将委托的工程监理单位、监理的内容及监理权限，书面通知被监理的建筑施工企业。

**第三十四条** 工程监理单位应当在其资质等级许可的监理范围内，承担工程监理业务。

工程监理单位应当根据建设单位的委托，客观、公正地执行监理任务。

工程监理单位与被监理工程的承包单位以及建筑材料、建筑构配件和设备供应单位不得有隶属关系或者其他利害关系。

工程监理单位不得转让工程监理业务。

**第三十五条** 工程监理单位不按照委托监理合同的约定履行监理义务，对应当监督检查的项目不检查或者不按照规定检查，给建设单位造成损失的，应当承担相应的赔偿责任。

工程监理单位与承包单位串通，为承包单位谋取非法利益，给建设单位造成损失的，应当与承包单位承担连带赔偿责任。

## 二、《中华人民共和国安全生产法》相关知识

### 第一章 总则

**第一条** 为了加强安全生产工作，防止和减少生产安全事故，保障人民群众生命和财产安全，促进经济社会持续健康发展，制定本法。

**第二条** 在中华人民共和国领域内从事生产经营活动的单位（以下统称生产经营单位）的安全生产及其监督管理，适用本法；有关法律、行政法规对消防安全和道路交通安全、铁路交通安全、水上交通安全、民用航空安全以及核与辐射安全、特种设备安全另有规定的，适用其规定。

**第三条** 安全生产工作应当以人为本，坚持安全第一、预防为主、综合治理的方针。

**第四条** 生产经营单位必须遵守本法和其他有关安全生产的法律、法规，加强安全生产管理，建立、健全安全生产责任制和安全生产规章制度，改善安全生产条件，提高安全生产水平，确保安全生产。

**第五条** 生产经营单位的主要负责人对本单位的安全生产工作全面负责。

**第六条** 生产经营单位的从业人员有依法获得安全生产保障的权利，并应当

依法履行安全生产方面的义务。

**第七条** 工会依法对安全生产工作进行监督。

**第十一条** 国务院有关部门应当按照保障安全生产的要求，依法及时制定有关的国家标准或者行业标准，并根据科技进步和经济发展适时修订。

生产经营单位必须执行依法制定的保障安全生产的国家标准或者行业标准。

**第十三条** 各级人民政府及其有关部门应当采取多种形式，加强对有关安全生产的法律、法规和安全生产知识的宣传，增强全社会的安全生产意识。

**第十四条** 有关协会组织依照法律、行政法规和章程，为生产经营单位提供安全生产方面的信息、培训等服务，发挥自律作用，促进生产经营单位加强安全生产管理。

**第十五条** 依法设立的为安全生产提供技术、管理服务的机构，依照法律、行政法规和执业准则，接受生产经营单位的委托为其安全生产工作提供技术、管理服务。

生产经营单位委托前款规定的机构提供安全生产技术、管理服务的，保证安全生产的责任仍由本单位负责。

**第十六条** 国家实行生产安全事故责任追究制度，依照本法和有关法律、法规的规定，追究生产安全事故责任人员的法律责任。

**第十八条** 国家鼓励和支持安全生产科学技术研究和安全生产先进技术的推广应用，提高安全生产水平。

**第十九条** 国家对在改善安全生产条件、防止生产安全事故、参加抢险救护等方面取得显著成绩的单位和个人，给予奖励。

**第三章　从业人员的安全生产权利义务**

**第五十二条** 生产经营单位与从业人员订立的劳动合同，应当载明有关保障从业人员劳动安全、防止职业危害的事项，以及依法为从业人员办理工伤保险的事项。生产经营单位不得以任何形式与从业人员订立协议，免除或者减轻其对从业人员因生产安全事故伤亡依法应承担的责任。

**第五十三条** 生产经营单位的从业人员有权了解其作业场所和工作岗位存在的危险因素、防范措施及事故应急措施，有权对本单位的安全生产工作提出建议。

**第五十四条** 从业人员有权对本单位安全生产工作中存在的问题提出批评、检举、控告；有权拒绝违章指挥和强令冒险作业。

生产经营单位不得因从业人员对本单位安全生产工作提出批评、检举、控告或者拒绝违章指挥、强令冒险作业而降低其工资、福利等待遇或者解除与其订立的劳动合同。

**第五十五条** 从业人员发现直接危及人身安全的紧急情况时，有权停止作业或者在采取可能的应急措施后撤离作业场所。

生产经营单位不得因从业人员在前款紧急情况下停止作业或者采取紧急撤离措施而降低其工资、福利等待遇或者解除与其订立的劳动合同。

**第五十六条** 生产经营单位发生生产安全事故后，应当及时采取措施救治有关人员。

因生产安全事故受到损害的从业人员，除依法享有工伤保险外，依照有关民事法律尚有获得赔偿的权利的，有权提出赔偿要求。

**第五十七条** 从业人员在作业过程中，应当严格落实岗位安全责任，遵守本单位的安全生产规章制度和操作规程，服从管理，正确佩戴和使用劳动防护用品。

**第五十八条** 从业人员应当接受安全生产教育和培训，掌握本职工作所需的安全生产知识，提高安全生产技能，增强事故预防和应急处理能力。

**第五十九条** 从业人员发现事故隐患或者其他不安全因素，应当立即向现场安全生产管理人员或者本单位负责人报告；接到报告的人员应当及时予以处理。

**第六十条** 工会有权对建设项目的安全设施与主体工程同时设计、同时施工、同时投入生产和使用进行监督，提出意见。

工会对生产经营单位违反安全生产法律、法规，侵犯从业人员合法权益的行为，有权要求纠正；发现生产经营单位违章指挥、强令冒险作业或者发现事故隐患时，有权提出解决的建议，生产经营单位应当及时研究答复；发现危及从业人员生命安全的情况时，有权向生产经营单位建议组织从业人员撤离危险场所，生产经营单位必须立即作出处理。

工会有权依法参加事故调查，向有关部门提出处理意见，并要求追究有关人员的责任。

**第六十一条** 生产经营单位使用被派遣劳动者的，被派遣劳动者享有本法规定的从业人员的权利，并应当履行本法规定的从业人员的义务。

### 第四章 安全生产的监督管理

**第六十二条** 县级以上地方各级人民政府应当根据本行政区域内的安全生产

状况，组织有关部门按照职责分工，对本行政区域内容易发生重大生产安全事故的生产经营单位进行严格检查。

应急管理部门应当按照分类分级监督管理的要求，制定安全生产年度监督检查计划，并按照年度监督检查计划进行监督检查，发现事故隐患，应当及时处理。

**第六十三条** 负有安全生产监督管理职责的部门依照有关法律、法规的规定，对涉及安全生产的事项需要审查批准（包括批准、核准、许可、注册、认证、颁发证照等，下同）或者验收的，必须严格依照有关法律、法规和国家标准或者行业标准规定的安全生产条件和程序进行审查；不符合有关法律、法规和国家标准或者行业标准规定的安全生产条件的，不得批准或者验收通过。对未依法取得批准或者验收合格的单位擅自从事有关活动的，负责行政审批的部门发现或者接到举报后应当立即予以取缔，并依法予以处理。对已经依法取得批准的单位，负责行政审批的部门发现其不再具备安全生产条件的，应当撤销原批准。

**第六十四条** 负有安全生产监督管理职责的部门对涉及安全生产的事项进行审查、验收，不得收取费用；不得要求接受审查、验收的单位购买其指定品牌或者指定生产、销售单位的安全设备、器材或者其他产品。

**第六十五条** 应急管理部门和其他负有安全生产监督管理职责的部门依法开展安全生产行政执法工作，对生产经营单位执行有关安全生产的法律、法规和国家标准或者行业标准的情况进行监督检查，行使以下职权：

（一）进入生产经营单位进行检查，调阅有关资料，向有关单位和人员了解情况；

（二）对检查中发现的安全生产违法行为，当场予以纠正或者要求限期改正；对依法应当给予行政处罚的行为，依照本法和其他有关法律、行政法规的规定作出行政处罚决定；

（三）对检查中发现的事故隐患，应当责令立即排除；重大事故隐患排除前或者排除过程中无法保证安全的，应当责令从危险区域内撤出作业人员，责令暂时停产停业或者停止使用相关设施、设备；重大事故隐患排除后，经审查同意，方可恢复生产经营和使用；

（四）对有根据认为不符合保障安全生产的国家标准或者行业标准的设施、设备、器材以及违法生产、储存、使用、经营、运输的危险物品予以查封或者扣押，对违法生产、储存、使用、经营危险物品的作业场所予以查封，并依法作出处理决定。

监督检查不得影响被检查单位的正常生产经营活动。

**第六十六条** 生产经营单位对负有安全生产监督管理职责的部门的监督检查人员（以下统称安全生产监督检查人员）依法履行监督检查职责，应当予以配合，不得拒绝、阻挠。

**第六十七条** 安全生产监督检查人员应当忠于职守，坚持原则，秉公执法。

安全生产监督检查人员执行监督检查任务时，必须出示有效的行政执法证件；对涉及被检查单位的技术秘密和业务秘密，应当为其保密。

**第六十八条** 安全生产监督检查人员应当将检查的时间、地点、内容、发现的问题及其处理情况，作出书面记录，并由检查人员和被检查单位的负责人签字；被检查单位的负责人拒绝签字的，检查人员应当将情况记录在案，并向负有安全生产监督管理职责的部门报告。

**第六十九条** 负有安全生产监督管理职责的部门在监督检查中，应当互相配合，实行联合检查；确需分别进行检查的，应当互通情况，发现存在的安全问题应当由其他有关部门进行处理的，应当及时移送其他有关部门并形成记录备查，接受移送的部门应当及时进行处理。

**第七十条** 负有安全生产监督管理职责的部门依法对存在重大事故隐患的生产经营单位作出停产停业、停止施工、停止使用相关设施或者设备的决定，生产经营单位应当依法执行，及时消除事故隐患。生产经营单位拒不执行，有发生生产安全事故的现实危险的，在保证安全的前提下，经本部门主要负责人批准，负有安全生产监督管理职责的部门可以采取通知有关单位停止供电、停止供应民用爆炸物品等措施，强制生产经营单位履行决定。通知应当采用书面形式，有关单位应当予以配合。

负有安全生产监督管理职责的部门依照前款规定采取停止供电措施，除有危及生产安全的紧急情形外，应当提前二十四小时通知生产经营单位。生产经营单位依法履行行政决定、采取相应措施消除事故隐患的，负有安全生产监督管理职责的部门应当及时解除前款规定的措施。

**第七十一条** 监察机关依照监察法的规定，对负有安全生产监督管理职责的部门及其工作人员履行安全生产监督管理职责实施监察。

**第七十三条** 负有安全生产监督管理职责的部门应当建立举报制度，公开举报电话、信箱或者电子邮件地址等网络举报平台，受理有关安全生产的举报；受理的举报事项经调查核实后,应当形成书面材料;需要落实整改措施的,报经有关负责人签字并督促落实。对不属于本部门职责,需要由其他有关部门进行调查处理的,转交其他有关部门处理。

涉及人员死亡的举报事项,应当由县级以上人民政府组织核查处理。

**第七十四条** 任何单位或者个人对事故隐患或者安全生产违法行为,均有权向负有安全生产监督管理职责的部门报告或者举报。

因安全生产违法行为造成重大事故隐患或者导致重大事故,致使国家利益或者社会公共利益受到侵害的,人民检察院可以根据民事诉讼法、行政诉讼法的相关规定提起公益诉讼。

**第七十五条** 居民委员会、村民委员会发现其所在区域内的生产经营单位存在事故隐患或者安全生产违法行为时,应当向当地人民政府或者有关部门报告。

**第七十六条** 县级以上各级人民政府及其有关部门对报告重大事故隐患或者举报安全生产违法行为的有功人员,给予奖励。具体奖励办法由国务院应急管理部门会同国务院财政部门制定。

**第七十八条** 负有安全生产监督管理职责的部门应当建立安全生产违法行为信息库,如实记录生产经营单位及其有关从业人员的安全生产违法行为信息;对违法行为情节严重的生产经营单位及其有关从业人员,应当及时向社会公告,并通报行业主管部门、投资主管部门、自然资源主管部门、生态环境主管部门、证券监督管理机构以及有关金融机构。有关部门和机构应当对存在失信行为的生产经营单位及其有关从业人员采取加大执法检查频次、暂停项目审批、上调有关保险费率、行业或者职业禁入等联合惩戒措施,并向社会公示。

负有安全生产监督管理职责的部门应当加强对生产经营单位行政处罚信息的及时归集、共享、应用和公开,对生产经营单位作出处罚决定后七个工作日内在监管部门公示系统予以公开曝光,强化对违法失信生产经营单位及其有关从业人员的社会监督,提高全社会安全生产诚信水平。

### 第五章 生产安全事故的应急救援与调查处理

**第七十九条** 国家加强生产安全事故应急能力建设,在重点行业、领域建立应急救援基地和应急救援队伍,并由国家安全生产应急救援机构统一协调指挥;鼓励生产经营单位和其他社会力量建立应急救援队伍,配备相应的应急救援装备和物资,提高应急救援的专业化水平。

国务院应急管理部门牵头建立全国统一的生产安全事故应急救援信息系统，国务院交通运输、住房和城乡建设、水利、民航等有关部门和县级以上地方人民政府建立健全相关行业、领域、地区的生产安全事故应急救援信息系统，实现互联互通、信息共享，通过推行网上安全信息采集、安全监管和监测预警，提升监管的精准化、智能化水平。

第八十一条　生产经营单位应当制定本单位生产安全事故应急救援预案，与所在地县级以上地方人民政府组织制定的生产安全事故应急救援预案相衔接，并定期组织演练。

第八十二条　危险物品的生产、经营、储存单位以及矿山、金属冶炼、城市轨道交通运营、建筑施工单位应当建立应急救援组织；生产经营规模较小的，可以不建立应急救援组织，但应当指定兼职的应急救援人员。

危险物品的生产、经营、储存、运输单位以及矿山、金属冶炼、城市轨道交通运营、建筑施工单位应当配备必要的应急救援器材、设备和物资，并进行经常性维护、保养，保证正常运转。

第八十三条　生产经营单位发生生产安全事故后，事故现场有关人员应当立即报告本单位负责人。

单位负责人接到事故报告后，应当迅速采取有效措施，组织抢救，防止事故扩大，减少人员伤亡和财产损失，并按照国家有关规定立即如实报告当地负有安全生产监督管理职责的部门，不得隐瞒不报、谎报或者迟报，不得故意破坏事故现场、毁灭有关证据。

第八十四条　负有安全生产监督管理职责的部门接到事故报告后，应当立即按照国家有关规定上报事故情况。负有安全生产监督管理职责的部门和有关地方人民政府对事故情况不得隐瞒不报、谎报或者迟报。

第八十五条　有关地方人民政府和负有安全生产监督管理职责的部门的负责人接到生产安全事故报告后，应当按照生产安全事故应急救援预案的要求立即赶到事故现场，组织事故抢救。

参与事故抢救的部门和单位应当服从统一指挥，加强协同联动，采取有效的应急救援措施，并根据事故救援的需要采取警戒、疏散等措施，防止事故扩大和次生灾害的发生，减少人员伤亡和财产损失。

事故抢救过程中应当采取必要措施，避免或者减少对环境造成的危害。

任何单位和个人都应当支持、配合事故抢救，并提供一切便利条件。

**第八十六条** 事故调查处理应当按照科学严谨、依法依规、实事求是、注重实效的原则，及时、准确地查清事故原因，查明事故性质和责任，评估应急处置工作，总结事故教训，提出整改措施，并对事故责任单位和人员提出处理建议。事故调查报告应当依法及时向社会公布。事故调查和处理的具体办法由国务院制定。事故发生单位应当及时全面落实整改措施，负有安全生产监督管理职责的部门应当加强监督检查。

负责事故调查处理的国务院有关部门和地方人民政府应当在批复事故调查报告后一年内，组织有关部门对事故整改和防范措施落实情况进行评估，并及时向社会公开评估结果；对不履行职责导致事故整改和防范措施没有落实的有关单位和人员，应当按照有关规定追究责任。

**第八十七条** 生产经营单位发生生产安全事故，经调查确定为责任事故的，除了应当查明事故单位的责任并依法予以追究外，还应当查明对安全生产的有关事项负有审查批准和监督职责的行政部门的责任，对有失职、渎职行为的，依照本法第九十条的规定追究法律责任。

**第八十八条** 任何单位和个人不得阻挠和干涉对事故的依法调查处理。

**第八十九条** 县级以上地方各级人民政府应急管理部门应当定期统计分析本行政区域内发生生产安全事故的情况，并定期向社会公布。

# 学习单元2 《建设工程质量管理条例》《建设工程安全生产管理条例》相关知识

## 一、《建设工程质量管理条例》相关知识

### 第四章 施工单位的质量责任和义务

**第二十五条** 施工单位应当依法取得相应等级的资质证书，并在其资质等级许可的范围内承揽工程。

禁止施工单位超越本单位资质等级许可的业务范围或者以其他施工单位的名义承揽工程。禁止施工单位允许其他单位或者个人以本单位的名义承揽工程。

施工单位不得转包或者违法分包工程。

**第二十六条** 施工单位对建设工程的施工质量负责。

施工单位应当建立质量责任制,确定工程项目的项目经理、技术负责人和施工管理负责人。

建设工程实行总承包的,总承包单位应当对全部建设工程质量负责;建设工程勘察、设计、施工、设备采购的一项或者多项实行总承包的,总承包单位应当对其承包的建设工程或者采购的设备的质量负责。

第二十七条 总承包单位依法将建设工程分包给其他单位的,分包单位应当按照分包合同的约定对其分包工程的质量向总承包单位负责,总承包单位与分包单位对分包工程的质量承担连带责任。

第二十八条 施工单位必须按照工程设计图纸和施工技术标准施工,不得擅自修改工程设计,不得偷工减料。

施工单位在施工过程中发现设计文件和图纸有差错的,应当及时提出意见和建议。

第二十九条 施工单位必须按照工程设计要求、施工技术标准和合同约定,对建筑材料、建筑构配件、设备和商品混凝土进行检验,检验应当有书面记录和专人签字;未经检验或者检验不合格的,不得使用。

第三十条 施工单位必须建立、健全施工质量的检验制度,严格工序管理,作好隐蔽工程的质量检查和记录。隐蔽工程在隐蔽前,施工单位应当通知建设单位和建设工程质量监督机构。

第三十一条 施工人员对涉及结构安全的试块、试件以及有关材料,应当在建设单位或者工程监理单位监督下现场取样,并送具有相应资质等级的质量检测单位进行检测。

第三十二条 施工单位对施工中出现质量问题的建设工程或者竣工验收不合格的建设工程,应当负责返修。

第三十三条 施工单位应当建立、健全教育培训制度,加强对职工的教育培训;未经教育培训或者考核不合格的人员,不得上岗作业。

### 第六章 建设工程质量保修

第三十九条 建设工程实行质量保修制度。

建设工程承包单位在向建设单位提交工程竣工验收报告时,应当向建设单位出具质量保修书。质量保修书中应当明确建设工程的保修范围、保修期限和保修责任等。

第四十条 在正常使用条件下,建设工程的最低保修期限为:

（一）基础设施工程、房屋建筑的地基基础工程和主体结构工程，为设计文件规定的该工程的合理使用年限；

（二）屋面防水工程、有防水要求的卫生间、房间和外墙面的防渗漏，为5年；

（三）供热与供冷系统，为2个采暖期、供冷期；

（四）电气管线、给排水管道、设备安装和装修工程，为2年。

其他项目的保修期限由发包方与承包方约定。

建设工程的保修期，自竣工验收合格之日起计算。

第四十一条　建设工程在保修范围和保修期限内发生质量问题的，施工单位应当履行保修义务，并对造成的损失承担赔偿责任。

第四十二条　建设工程在超过合理使用年限后需要继续使用的，产权所有人应当委托具有相应资质等级的勘察、设计单位鉴定，并根据鉴定结果采取加固、维修等措施，重新界定使用期。

### 第七章　监督管理

第四十三条　国家实行建设工程质量监督管理制度。

国务院建设行政主管部门对全国的建设工程质量实施统一监督管理。国务院铁路、交通、水利等有关部门按照国务院规定的职责分工，负责对全国的有关专业建设工程质量的监督管理。

县级以上地方人民政府建设行政主管部门对本行政区域内的建设工程质量实施监督管理。县级以上地方人民政府交通、水利等有关部门在各自的职责范围内，负责对本行政区域内的专业建设工程质量的监督管理。

第四十四条　国务院建设行政主管部门和国务院铁路、交通、水利等有关部门应当加强对有关建设工程质量的法律、法规和强制性标准执行情况的监督检查。

第四十五条　国务院发展计划部门按照国务院规定的职责，组织稽察特派员，对国家出资的重大建设项目实施监督检查。

国务院经济贸易主管部门按照国务院规定的职责，对国家重大技术改造项目实施监督检查。

第四十六条　建设工程质量监督管理，可以由建设行政主管部门或者其他有关部门委托的建设工程质量监督机构具体实施。

从事房屋建筑工程和市政基础设施工程质量监督的机构，必须按照国家有关规定经国务院建设行政主管部门或者省、自治区、直辖市人民政府建设行政主管部门考核；从事专业建设工程质量监督的机构，必须按照国家有关规定经国务院有关部门或者省、自治区、直辖市人民政府有关部门考核。经考核合格后，方可实施质量监督。

**第四十七条** 县级以上地方人民政府建设行政主管部门和其他有关部门应当加强对有关建设工程质量的法律、法规和强制性标准执行情况的监督检查。

**第四十八条** 县级以上人民政府建设行政主管部门和其他有关部门履行监督检查职责时，有权采取下列措施：

（一）要求被检查的单位提供有关工程质量的文件和资料；

（二）进入被检查单位的施工现场进行检查；

（三）发现有影响工程质量的问题时，责令改正。

**第四十九条** 建设单位应当自建设工程竣工验收合格之日起 15 日内，将建设工程竣工验收报告和规划、公安消防、环保等部门出具的认可文件或者准许使用文件报建设行政主管部门或者其他有关部门备案。

建设行政主管部门或者其他有关部门发现建设单位在竣工验收过程中有违反国家有关建设工程质量管理规定行为的，责令停止使用，重新组织竣工验收。

**第五十条** 有关单位和个人对县级以上人民政府建设行政主管部门和其他有关部门进行的监督检查应当支持与配合，不得拒绝或者阻碍建设工程质量监督检查人员依法执行职务。

**第五十一条** 供水、供电、供气、公安消防等部门或者单位不得明示或者暗示建设单位、施工单位购买其指定的生产供应单位的建筑材料、建筑构配件和设备。

**第五十二条** 建设工程发生质量事故，有关单位应当在 24 小时内向当地建设行政主管部门和其他有关部门报告。对重大质量事故，事故发生地的建设行政主管部门和其他有关部门应当按照事故类别和等级向当地人民政府和上级建设行政主管部门和其他有关部门报告。

特别重大质量事故的调查程序按照国务院有关规定办理。

**第五十三条** 任何单位和个人对建设工程的质量事故、质量缺陷都有权检举、控告、投诉。

## 二、《建设工程安全生产管理条例》相关知识

### 第四章　施工单位的安全责任

**第二十条** 施工单位从事建设工程的新建、扩建、改建和拆除等活动，应当

具备国家规定的注册资本、专业技术人员、技术装备和安全生产等条件，依法取得相应等级的资质证书，并在其资质等级许可的范围内承揽工程。

第二十一条　施工单位主要负责人依法对本单位的安全生产工作全面负责。施工单位应当建立健全安全生产责任制度和安全生产教育培训制度，制定安全生产规章制度和操作规程，保证本单位安全生产条件所需资金的投入，对所承担的建设工程进行定期和专项安全检查，并做好安全检查记录。

施工单位的项目负责人应当由取得相应执业资格的人员担任，对建设工程项目的安全施工负责，落实安全生产责任制度、安全生产规章制度和操作规程，确保安全生产费用的有效使用，并根据工程的特点组织制定安全施工措施，消除安全事故隐患，及时、如实报告生产安全事故。

第二十二条　施工单位对列入建设工程概算的安全作业环境及安全施工措施所需费用，应当用于施工安全防护用具及设施的采购和更新、安全施工措施的落实、安全生产条件的改善，不得挪作他用。

第二十三条　施工单位应当设立安全生产管理机构，配备专职安全生产管理人员。

专职安全生产管理人员负责对安全生产进行现场监督检查。发现安全事故隐患，应当及时向项目负责人和安全生产管理机构报告；对违章指挥、违章操作的，应当立即制止。

专职安全生产管理人员的配备办法由国务院建设行政主管部门会同国务院其他有关部门制定。

第二十四条　建设工程实行施工总承包的，由总承包单位对施工现场的安全生产负总责。

总承包单位应当自行完成建设工程主体结构的施工。

总承包单位依法将建设工程分包给其他单位的，分包合同中应当明确各自的安全生产方面的权利、义务。总承包单位和分包单位对分包工程的安全生产承担连带责任。

分包单位应当服从总承包单位的安全生产管理，分包单位不服从管理导致生产安全事故的，由分包单位承担主要责任。

第二十五条　垂直运输机械作业人员、安装拆卸工、爆破作业人员、起重信号工、登高架设作业人员等特种作业人员，必须按照国家有关规定经过专门的安全作业培训，并取得特种作业操作资格证书后，方可上岗作业。

**第二十六条** 施工单位应当在施工组织设计中编制安全技术措施和施工现场临时用电方案,对下列达到一定规模的危险性较大的分部分项工程编制专项施工方案,并附具安全验算结果,经施工单位技术负责人、总监理工程师签字后实施,由专职安全生产管理人员进行现场监督:

(一)基坑支护与降水工程;

(二)土方开挖工程;

(三)模板工程;

(四)起重吊装工程;

(五)脚手架工程;

(六)拆除、爆破工程;

(七)国务院建设行政主管部门或者其他有关部门规定的其他危险性较大的工程。

对前款所列工程中涉及深基坑、地下暗挖工程、高大模板工程的专项施工方案,施工单位还应当组织专家进行论证、审查。

本条第一款规定的达到一定规模的危险性较大工程的标准,由国务院建设行政主管部门会同国务院其他有关部门制定。

**第二十七条** 建设工程施工前,施工单位负责项目管理的技术人员应当对有关安全施工的技术要求向施工作业班组、作业人员作出详细说明,并由双方签字确认。

**第二十八条** 施工单位应当在施工现场入口处、施工起重机械、临时用电设施、脚手架、出入通道口、楼梯口、电梯井口、孔洞口、桥梁口、隧道口、基坑边沿、爆破物及有害危险气体和液体存放处等危险部位,设置明显的安全警示标志。安全警示标志必须符合国家标准。

施工单位应当根据不同施工阶段和周围环境及季节、气候的变化,在施工现场采取相应的安全施工措施。施工现场暂时停止施工的,施工单位应当做好现场防护,所需费用由责任方承担,或者按照合同约定执行。

**第二十九条** 施工单位应当将施工现场的办公、生活区与作业区分开设置,并保持安全距离;办公、生活区的选址应当符合安全性要求。职工的膳食、饮水、休息场所等应当符合卫生标准。施工单位不得在尚未竣工的建筑物内设置员工集体宿舍。

施工现场临时搭建的建筑物应当符合安全使用要求。施工现场使用的装配式活动房屋应当具有产品合格证。

第三十条　施工单位对因建设工程施工可能造成损害的毗邻建筑物、构筑物和地下管线等，应当采取专项防护措施。

施工单位应当遵守有关环境保护法律、法规的规定，在施工现场采取措施，防止或者减少粉尘、废气、废水、固体废物、噪声、振动和施工照明对人和环境的危害和污染。

在城市市区内的建设工程，施工单位应当对施工现场实行封闭围挡。

第三十一条　施工单位应当在施工现场建立消防安全责任制度，确定消防安全责任人，制定用火、用电、使用易燃易爆材料等各项消防安全管理制度和操作规程，设置消防通道、消防水源，配备消防设施和灭火器材，并在施工现场入口处设置明显标志。

第三十二条　施工单位应当向作业人员提供安全防护用具和安全防护服装，并书面告知危险岗位的操作规程和违章操作的危害。

作业人员有权对施工现场的作业条件、作业程序和作业方式中存在的安全问题提出批评、检举和控告，有权拒绝违章指挥和强令冒险作业。

在施工中发生危及人身安全的紧急情况时，作业人员有权立即停止作业或者在采取必要的应急措施后撤离危险区域。

第三十三条　作业人员应当遵守安全施工的强制性标准、规章制度和操作规程，正确使用安全防护用具、机械设备等。

第三十四条　施工单位采购、租赁的安全防护用具、机械设备、施工机具及配件，应当具有生产（制造）许可证、产品合格证，并在进入施工现场前进行查验。

施工现场的安全防护用具、机械设备、施工机具及配件必须由专人管理，定期进行检查、维修和保养，建立相应的资料档案，并按照国家有关规定及时报废。

第三十五条　施工单位在使用施工起重机械和整体提升脚手架、模板等自升式架设设施前，应当组织有关单位进行验收，也可以委托具有相应资质的检验检测机构进行验收；使用承租的机械设备和施工机具及配件的，由施工总承包单位、分包单位、出租单位和安装单位共同进行验收。验收合格的方可使用。

《特种设备安全监察条例》规定的施工起重机械，在验收前应当经有相应资质的检验检测机构监督检验合格。

施工单位应当自施工起重机械和整体提升脚手架、模板等自升式架设设施验收合格之日起 30 日内，向建设行政主管部门或者其他有关部门登记。登记标志应当置于或者附着于该设备的显著位置。

**第三十六条** 施工单位的主要负责人、项目负责人、专职安全生产管理人员应当经建设行政主管部门或者其他有关部门考核合格后方可任职。

施工单位应当对管理人员和作业人员每年至少进行一次安全生产教育培训，其教育培训情况记入个人工作档案。安全生产教育培训考核不合格的人员，不得上岗。

**第三十七条** 作业人员进入新的岗位或者新的施工现场前，应当接受安全生产教育培训。未经教育培训或者教育培训考核不合格的人员，不得上岗作业。

施工单位在采用新技术、新工艺、新设备、新材料时，应当对作业人员进行相应的安全生产教育培训。

**第三十八条** 施工单位应当为施工现场从事危险作业的人员办理意外伤害保险。

意外伤害保险费由施工单位支付。实行施工总承包的，由总承包单位支付意外伤害保险费。意外伤害保险期限自建设工程开工之日起至竣工验收合格止。